说幽默话
做幽默人

滕龙江◎编著

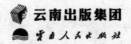
云南出版集团
云南人民出版社

图书在版编目（CIP）数据

说幽默话做幽默人／滕龙江编著．－－昆明：云南
人民出版社，2020.9
ISBN 978-7-222-19482-3

Ⅰ．①说… Ⅱ．①滕… Ⅲ．①幽默（美学）－通俗读物
Ⅳ．① B83-49

中国版本图书馆 CIP 数据核字 (2020) 第 153440 号

责任编辑：李　洁
装帧设计：周　飞
责任校对：胡元青
责任印制：马文杰

说幽默话做幽默人
SHUO YOUMOHUA ZUO YOUMOREN
滕龙江 编著

出版　　云南出版集团　　云南人民出版社
发行　　云南人民出版社
社址　　昆明市环城西路609号
邮编　　650034
网址　　www.ynpph.com.cn
E-mail　ynrms@sina.com
开本　　880mm×1230mm 1/32
印张　　7
字数　　150千
版次　　2020年9月第1版第1次印刷
印刷　　永清县晔盛亚胶印有限公司
书号　　ISBN 978-7-222-19482-3
定价　　38.00元

如有图书质量及相关问题请与我社联系
审校部电话：0871-64164626　印刷科电话：0871-64191534

云南人民出版社公众微信号

前　言

　　林语堂先生说："凡善于幽默的人，其谐趣必愈幽隐；而善于鉴赏幽默的人，其欣赏尤在于内心静默的理会，大有不可与外人道之滋味。与粗鄙的笑话不同，幽默愈幽愈默而愈妙。"可以说，幽默是人类智慧的产物，是一种高品位的情感活动，任何平淡庸劣的价值取向和因循固陋的思维方式都不能称之为幽默。

　　幽默是人际交往的润滑剂、缓冲剂，就像一座桥梁拉近了人与人之间的距离，使心与心之间产生共鸣、达成默契、更加亲近。正如美国一位心理学家说的："幽默是一种最有趣、最有感染力、最具有普遍意义的传递艺术。"幽默的口才不仅能体现出一个人深厚的文化素养和丰富的文化内涵，还能折射出一个人的美好心灵。试问，一个具有如此魅力的人，有谁能不喜欢呢？

在人类智慧的财富中，幽默被认为是无价之宝。人们需要各式各样的财富，也时刻需要幽默，这就像树木需要阳光、空气和水分一样重要。

充满幽默的人生是最富有的人生，在人类智慧的财富中，幽默像夜空中神秘的星星，数也数不清。

幽默是健康生活的营养品。在公共场所，在家庭中，偶尔说一句幽默的话，做一个幽默的动作，往往能引起他人会心的一笑。常常开心一笑，会让您舒展脸庞的不悦，保持年青的心态，对自己的身心健康也大有益处。古人说"笑一笑，十年少"，正是这个道理。

幽默是人际关系中的缓冲器。在社会交往中，难免会发生一些冲撞和矛盾。高尚的幽默不仅可以淡化矛盾、消除误会，还可以避免尴尬、缓和气氛。

人有七情：喜、怒、忧、思、悲、恐、惊。生活当中七情过度可使人生病，心理脆弱多疑者也容易患病，很多看似生理方面的疾病其实主要是由心理方面引起的，对于这种病人，单用药物治疗，往往不能见效，最好的治疗方法是调整心态，让幽默常伴，疾病终将走远。

在家庭生活中，夫妻间的幽默还有"润滑剂"功能。如双方发生冲突时，使用刺激性的话语无疑是火上浇油，而此时一个得体的小幽默常常能使对方转怒为喜、破涕为笑。

在现实生活中，人们都希望与幽默感强的人一起共事。女孩喜欢选择性格诙谐幽默的男人。学生渴望老师把枯燥的学问讲得妙趣横生。

此外，幽默可以彰显一个人无穷的魅力，在人际交往中，如果能巧妙运用幽默的语言，就会增加你的人气、提升你的魅力。幽默可以表达出一个人的真诚、大方和善良。它像一座桥梁，拉近人与人之间的距离，填补人与人之间的鸿沟，人的幽默感是心智成熟、智能发达的标志，是建立在人对生活的公正、透彻的理解之上的。理解生活应当说是高层次的能力，在此基础上，才能产生更好的生活能力。

幽默是一种高雅的风度，但这种风度需要有丰富的知识、高尚的思想以及良好的文化修养为基础。心胸狭窄、知识肤浅、行为粗俗、情操低下者，虽然有时也能引人发笑，但那多是浅薄、无知的表白，绝不是含蓄高雅的幽默。可见，一个人要培养幽默感，首先应加强自身的文化修养，要与人为善，要多学些诙谐风趣的开玩笑的方式，要尽量让自己轻松、洒脱、活泼，这样就能使自己也幽默起来。

本书旨在帮你了解幽默、认识幽默，从而更好地掌握和使用幽默。书中精心挑选了诸多幽默案例，以妙趣横生的内容、深入细致的分析、灵活生动的笔触，教你在各种场合，面对不同角色的人该如何运用幽默，制造幽默。无论你是浅尝辄止，还是深入探究，里面都藏有值得你借鉴、学习甚至挖掘的深厚内涵。

如果你想展示自我，你应该多培养自己的幽默感；如果你想魅力四射，你必须学会说幽默话；如果你想事业成功，你就需要做一个幽默的人。任何时候，你都要记住：如果你想融入这个世界，就必须先使这世界变得有趣。

目 录

第三章　玩转幽默，化尴尬于无形

第四章　不必要的冲突，用幽默来化解

第五章　笑语"赢"人，生意场上如鱼得水

第六章　幽默常在，身心健康没烦恼

说幽默话 做幽默人

第七章 学几招幽默技巧，变身幽默达人

第一章
懂幽默的人魅力大

　　幽默能助你突破障碍，给你带来绝地逢生的希望；幽默能让你充满智慧，让你乐观地面对生活；幽默能让你的生活多姿多彩、充满自信；幽默还能"传染"给周围的人，使他们的生活充满欢声笑语。从某种意义上说，你的人格魅力就在于你是否拥有幽默的口才。

1.　幽默感让你魅力四射

一个人的魅力可以通过美貌、才学展现出来，同时，一个人的魅力也可以通过幽默展现出来。看看你身边的社交达人，必定都是极具幽默感的，所以，如果你觉得自己天生缺少魅力，那么，你不妨努力培养自己的幽默感，相信它一定能让你魅力四射。

马尔科姆·萨金特是美国著名音乐指挥家和风琴手，在他70岁诞辰时，有很多记者前来祝贺。

其中，一个记者问他："您能活到70岁高龄，应该归功于什么？"

马尔科姆·萨金特想了想说："我认为必须归功于这一事实，那就是我没有死。"

第二天，当报纸刊登出这一新闻之后，很多原本并未关注马尔科姆·萨金特的人都开始打听起他的消息来。

幽默就是具有如此大的魔力——一个具有幽默感的人，在给周围的人带来欢乐的同时，也能使自己备受他人的关心和瞩目，从而增强自己的魅力指数。

在一位著名歌星举办的演唱会上，一位男主持人问她："请问，我能知道你的年龄吗？"

歌星回答道："年龄是女人的最大的秘密，所以，我不能将它泄露给你。"

男主持人接着又问道："那么，请问你有男朋友了吗？"

歌星笑着答道："虽然这也是一个秘密，但是，我可以告诉你，你还有机会。"

歌星并没有正面回答主持人的问话，而是在幽默的谈笑中，说出了自己还没有男朋友的事实。显示出了明星活泼开朗的性格和机智幽默的口才。

可见，在与他人交往时，一个小小的幽默，往往能让你在瞬间吸引众人的目光，让他人更愿意与你接近。幽默让你的语言独具特色，无论多么大的场合，无论有多少人在场，运用幽默，你都可以迅速地成为人群中的焦点。

在一次年会上，小张和同事坐在一起聊天，小张一直想把自己的工作心得拿出来与同事们一起分享。而小王是个急性子，每次小张刚开了个头，小王便急着插进话来。

小张见状，站起来说道："小王，说话跟买票一样，都是要排队的哦，请不要插队，好吗？"

听了这句话，大家都哈哈大笑起来，大家的注意力随之也都转移到了小张身上。

小张本来想成为人群中的焦点，可没想到却总被小王抢了风头。但是，小张并没有发火或者指责小王，而是巧妙地用一句幽默话将焦点再次转移到了自己身上，既达到了目的，也没伤害与小王之间的感情，同时，让大家更加敬佩小张的睿智。

幽默犹如春风，能够吹绿荒芜的心灵，让人在倍感轻松愉悦更拉近人与人之间距离。如果你想在人群中备受瞩目，成为焦点，那么你一定要学好幽默这门课程。

英国思想家培根说过："善谈者必善幽默。"幽默所带给人的魅力就在于话不直说，但却让人通过曲折含蓄的表达方式心领神会。如果说语言是心灵的桥梁，那么，幽默便是桥上行驶最快的列车。它穿梭在此岸与彼岸之间，时而鲜明时而隐晦地表达着某种心意，并以最快捷的方式直抵人的心灵深处，提升幽默者在对方心中的分量和人格魅力。

2. 幽默助你不断走向成功

相信每一个人都渴望在事业上取得成功，而幽默是助你迈向成功的必不可少的工具。一个懂得幽默的人，无论在何种场合，面对任何人，只要一开口，就能展现出成功者的姿态，由此赢得别人的尊重和信任，并在工作与生活中与他人建立和谐的关系。

幽默的人更容易成功。这是因为在他们身上，往往凝聚着成功者应有的优秀品质，例如，乐于分享快乐，坦率、诚实、乐观豁达等。试想，一个具备如此优秀的品质的人，即使追求成功的路上障碍重重，也一定能够一一克服，最终到达成功的巅峰。

一个人要想在职场上获取成功，首先就要拿出"业绩"，毕竟只有业绩才是最能得到老板认同、同事承认的"真材实料"。但是，在实际工作中，很多人无论做多少努力，客户就是不买账，终究业绩平平、无功而返，究其原因，就是在工作中缺少幽默。所以，要想创造突出业绩，首先要培养自己的幽默能力。

原一平，身高145厘米，长相其貌不扬。然而就是这样一个人，却凭借在工作中的幽默，被誉为日本寿险业的推销之神，曾连续15年占据日本全国寿险销售业绩之冠。

虽然原一平身材低人一等，但是，他的口才却高人一筹。而且，他还善于将自己身材矮小的缺点作为优点加以利用。

有一次，原一平出去推销产品，他在面对一位女客户时是这样开始推销的。

原一平很客气地对女客户说："您好！我是明治保险的原一平。"

女客户头也没抬，就说："噢！是明治保险公司。你们公司的推销员昨天才来过的，我最讨厌保险了，所以他被我拒绝啦！"

原一平一本正经地说："是吗？不过，我比昨天那位同事英俊潇洒吧？"

女客户抬头瞟了一眼，嘲笑他说："什么？昨天那个哥们啊，长得瘦瘦高高的，哈哈，比你好看多了。"

原一平笑容可掬地说："可是矮个儿没坏人啊。再说，辣椒是越小越辣哟！俗话不也说'人越矮，俏姑娘越爱'吗？"

女客户略带鄙视地说："可也有人说'十个矮子九个怪'哩！矮子太狡猾。"

原一平仍一脸笑容，说："我更愿意把它看成是一句表扬我们聪明机灵的话。因为我们的脑袋离大地近，营养充分嘛！"

女客户终于忍不住，哈哈大笑起来，说："你这个人真有意思。"

原一平就是这样以他矮小的身材，配上刻意制造的表情和诙谐幽默的话语，在他特意营造出的轻松氛围中与客户面谈，不知不觉地拉近了双方的距离，于是一笔业务很快就谈成了。

在工作过程中，有时我们难免与别人发生意见分歧。当意见一时难以统一时，有经验的职场人士不会急于要求达成协议，而是往往会采取幽默妥协的策略，破解僵局，推进工作顺利进行。

　　某大学的校长提议删减学生考试科目设置，其中遗传学和环境学只保留一个。为此，主讲遗传学和环境学的两位教授展开了一场激烈的讨论，甚至到了剑拔弩张的地步。

　　环境学教授有些动怒地说："遗传学有什么了不起，浅显易懂得很。比如，大家都知道如果一个孩子长得像自己的父亲，那就是遗传喽。"

　　遗传学教授见环境学教授如此激动，觉得言辞不宜过于激烈，否则，最终两个科目都难保留，于是，他幽默地回应道："是啊，你说得很对。一个孩子长得像自己的父亲，那就是遗传。但如果一个孩子长得像他的邻居，那可就是环境学了。"

　　一句话逗得环境学教授大笑起来，就连校长也忍俊不禁，最终收回自己的提议，并列保留了这两个科目。

　　当实质性的话题因双方的争执而使气氛突然变紧张，甚至双方剑拔弩张时，最急迫的问题不是继续争个鱼死网破，而是应该使谈话气氛缓和下来。案例中，遗传学教授就深谙此道，在与环境学教授越来越激烈的争辩中，他及时做出了妥协，避免了气氛的激化，最终成功实现目标。

　　所以说，妥协不等于懦弱，不意味着屈服，也不是让人不思进取、逆来顺受，而是更加执着的坚持，是在等待反击的机会，是为了寻找更好的策略，是智者的选择。这就像袋鼠奔跑一样，屈腿是为了积蓄力量，把全身的力量凝聚到发力点上，然后将身体跃起，达到最远最高的目标。

在追求成功的路上，有的人往往因为取得一点小小的成绩就沾沾自喜、目中无人，最终让周围的人心生嫉妒与怨恨，反而使得自己的路越走越窄。所以，要想前方的路越走越宽，我们应该以一颗平常心对待所得荣誉，不应该有丝毫自夸自傲的表现，谦虚、自律以此获得众人的尊敬和钦佩。

在20世纪50年代初，布劳尔担任了美国某钢铁公司董事长，这是个令人非常美慕的职位。

有人问他："你对担任的新职务有什么感想呢？"

他这样回答："没有什么，既不那么高兴，也不准备庆贺。这只不过像是打胜了一场球。"

对于取得的荣誉，布劳尔用平常心轻松对待，与其说他小看了自己，倒不如说这位成功者用正确的姿态强化了个人形象。

其实，在工作中，只要你不把每一件事都严肃以待，还是可以轻而易举地拥有幽默感的。即使你自己觉得你的幽默感比较差些，也没有关系，幽默感也是可以通过锻炼、学习而得到提高的。当你学会了幽默，你距离成功也就又近了一步。

在你攀登人生顶峰的途中，必然会遇到不少机遇，当然，也必定会遭遇许多意想不到的阻力。这时，只要我们拥有了良好的心理，学会用幽默的方式来应对，就能化解忧虑，将很多转瞬即逝的机遇握在手中。

　　美国一位竞选总统的议员到农村去演讲，演讲刚进行到一半，就遭到了反对者的攻击，他们鼓动当地的农民用西红柿和其他一些农产品砸向这位议员。面对这样的状况，议员面不改色，没有表现出任何愤怒之意，而是神色自若地掸掉了身上的东西后，微笑着对在场的农民说："我对你们现在的困境不是很了解，但是，假如我有幸当选为你们的总统，我一定有办法解决你们的农产品滞销的问题。"

　　此话一出，使得那些向他扔东西的人都倍感愧疚，同时，这位议员也赢得了民众的支持。

　　这位议员如果正面反抗或者回避问题，肯定会使自己的形象大打折扣，甚至引发众怒，导致交流和沟通无法继续进行，而采用幽默的语言，不仅能挽回难堪颜面，还为自己赢得信任与支持。

　　难怪有人说："博人好感者必善于幽默。"虽然这句话显得有点太夸张，但是，幽默在人际沟通中确实起着不可小觑的作用，尤其是在一些充满敌意的场合，幽默简直就是制胜的武器。它能帮助你含蓄而豁达地表现自己，帮助你成功地与他人交往和沟通，帮助你在逆境中将困难一一化解。

在实际工作中，幽默能够形成一股力量去影响并激励他人，同时也形成一股力量去了解并接受自己，并助你在成功的路上走得更加顺畅。

詹姆斯是一位极富幽默的警官，无论遇到何种案件或难题，他总是能幽默面对、迎刃而解。

一日，一男子爬上纽约的一座大厦楼顶，做出要跳楼的样子，企图制造一件轰动全国的新闻。很快，楼下聚集了很多人，包括警察、医生和记者。局长和警长轮番喊着话，并试图抢险，那男子毫不理睬地叫嚷着："别过来！谁要是过来，我就跳下去！"

这时，詹姆斯带了一名医生走上前冲男子喊道："你放心，我们不打算阻止你，但是，这位医生想问问你，你死后，是否愿意把尸体捐献给医院？"

就这一句话，让那个男子乖乖地从楼顶走了下来。

又是一日清晨，在闹市区的一个路口，有个演说者正在发表演讲："如今政治腐败透顶了，我们应把众议院和参议院统统烧了！"由此招来众多的人围观，严重地堵塞了交通。当警察赶到时，马路上已经堵得水泄不通。这时，只听詹姆斯大叫一声："现在，请同意烧参议院的人站到左边，同意烧众议院的站到右边。"

不到一分钟，人群便向左右两侧迅速分开了，道路豁然开朗。

在人与人交往的过程中，有时难免会遭到不公正或不平等待遇，这时，你绝不能坐以待毙，更不能拍案而起，不妨运用幽默，将自己的不满情绪表达出来，相信定能达到你想要的结果。

一次，但丁受邀参加当地一个新执政官上任的升迁宴会。宴会上，侍者端给意大利各城邦使节的是一条条很大的煎鱼，而给但丁送上的仅仅是几条小鱼。

但丁没有品尝佳肴，只是故意当着主人的面，把盘里的小鱼逐条拿起靠近耳朵，然后又一一放回盘中。宴会主人见此情况，就问但丁："你为什么做这种莫名其妙的动作？"

但丁站起身来，清了清嗓子，以在场所有人都能听到的音量回答："几年前，我的一位朋友很不幸地在海上遇难。自那以后，我始终不知道他的遗体是否安然埋于海底。所以，我就问问这些小鱼，也许它们多少知道一些情况。"

宴会主人对此很感兴趣："那么，它们又对你说了些什么呢？"

但丁故弄玄虚地回答："小鱼们告诉我说，那时它们都很幼小，对过去的事情不太了解，不过，也许邻桌的大鱼们知道一些具体情况。它们建议我向大鱼们打听打听。"

宴会主人不由得笑了，转身责备侍者不应怠慢贵客，吩咐他们马上给但丁换了大鱼。

如果换作常人，像但丁这样在宴会中受到不公平待遇，很可能会默不作声或是愤怒离席。但是，但丁却将自己的不满幽默婉转地表达出来。不仅幽默地指出对方的过失，也维护了自己的尊严，由此避免了不必要的冲突，其乐融融地达到了双赢的效果。

在社交中，不论你现在是普通一员，还是担任领导职务，只要善于运用幽默的力量，都能使你在社交活动中游刃有余，不断走向成功。

3.　幽默是展示语言魅力的绝技

在现实生活中，我们常常可以看到这样一种现象：如果一个人在与人沟通时不加思考、不讲究方式、过于直接，往往会让人觉得这个人肤浅、粗俗、愚蠢，索然寡味，久而久之，就会避而远之；如果一个人在与人沟通时能够做到委婉含蓄，把一些重要的、该说的话隐藏起来，运用含蓄的语言，轻描淡写地将其表达出来，就会产生一种耐人寻味的幽默效果，让人情不自禁地愿与你交往。

幽默是最能展示一个人的语言魅力的绝技，其最大特色就在于委婉含蓄，其好处就在于能够运用意味深长、极具趣味的语言真假并用，曲折地、间接地将意见表达出来，使之耐人寻味且寓意深刻，并且也能很好地照顾到对方。

在一个旅游景点，有一家东北餐馆，生意兴隆，每天都爆满，但是，这家餐馆的老板脾气急躁，容不得别人讲他半句坏话。

　　一天中午，一个过路人来这家餐馆吃饭，点了一瓶酒和几道招牌菜。这个人刚夹了了一口菜，便大叫起来："这是什么菜啊？咸死了！"

　　一听有人说自家的菜咸，老板满脸怒气，以为这个人是故意来吃霸王餐的，拿起棍子就去打那位顾客。

　　这时，又进来一位顾客，一边赶忙拉架，一边问道："你为什么打人？""哼！"餐馆老板气恼地说，"我在这做了二十多年的生意，谁不知道我的菜味美可口，这人偏说我的菜是咸的，分明是来找碴的，想吃霸王餐，你说他该不该打！"

　　"不妨让我尝一口，再做评价，"这人说着吃了一口菜，咸得直咧嘴，他连忙放下筷子说："老板，你把他放了，打我吧！"

　　餐馆老板也吃了一口菜，一尝，才知道自己把盐当作糖放进去了。

　　后一个顾客用一句轻松、微妙的俏皮话，将自己的意思曲折地、间接地表达了出来，耐人寻味，既尊重了餐馆老板，不至于让对方难堪，又使其明白了菜的确是咸的，使对方接受了意见，从而在和谐的气氛中达到了沟通目的。

由此看来，说话不一定要直来直去，委婉含蓄地表达不仅让人容易接受，还能深得人心，试想，春风暖人的语言，有谁能不爱听呢？

所以，当你很想表达内心的愿望，又不便直说、不忍直说、不能直说时，不妨幽默、含蓄地表达。例如，在谈及某人丑陋的相貌时，不要直接说"长得真丑"，而要用"长得有些委婉""人的长相和才能往往成反比"这样的话来代替；说一个人贪睡时，不妨用"对床铺的利用率很高"来形容。

我们再来看一个经典的例子：

有一位作曲家拿着一份曲谱去拜访当地一个知名的音乐家，恳请音乐家听听自己的演奏并给予意见，在作曲家演奏过程中，音乐家一直认真地倾听，且不时地脱帽致敬。

作曲家演奏完毕后，问音乐家："您觉得怎么样？"

"太好了！"音乐家回答。

"真的吗？"作曲家兴奋地追问道，"您连连脱帽就是对我的极大认可吧！"

"不，不是因为你。"音乐家回答说，"因为我有见到熟人就脱帽的习惯，在你的曲子里，我碰到了太多的熟人，以至于我不得不连连脱帽。"

音乐家通过幽默的语言暗示了作曲家的曲子缺乏新意，含蓄地指出作曲家的抄袭行为，向对方表明了自己的看法和意见，既照顾到作曲家的面子，又达到了批评的效果，两全其美。这是一种机智的表达，是一种轻松的沟通，很明显，这比口若悬河地直说这份曲谱是东拼西凑的抄袭品更有力，实在值得回味。

当然，这种委婉含蓄的幽默技巧，并不局限于应对抄袭的作曲家，这里需要注意的是，想要熟练运用含蓄幽默的语言技巧，你必须时刻提醒自己不要直截了当地表达自己的想法和意见。

有一位名人到一家餐厅去吃饭，他对饭菜的质量很不满意。结账之后，他让服务员把餐厅经理叫来。

经理来后，名人对他说："现在，让我们来相互拥抱一下吧！"

经理奇怪地问："为什么？"

名人说："永别啦，你以后再也见不到我了。"

这位名人的幽默在于，他明明要贬责这家餐厅的厨艺，却表现出一种高度赞扬的样子，给了对方一个热烈的拥抱，才不露声色地点出了自己再也不会到这家餐馆来就餐的想法。

幽默是展示你语言魅力的绝技。它要求说话者有较高水平的说话艺术和高雅的幽默感，同时，它也能体现说话者驾驭语言的能力和含蓄表达幽默的技巧。生活中，很多人之所以缺乏幽默感，就是因为太习惯于直截了当、简洁明了的表达方式，而幽默则与直截了当完全不相容。所以，要想培养幽默感，就要学会迁回曲折、委婉含蓄的表达方式，凡事都不要直接说出真相，而要从某个侧面毫不含糊地点出来，使言语趣味横生，内容意味深长。

4.　幽默能让人善意地微笑

"幽默"为英文humor的音译。透过影射、讽喻、双关等修辞手法，在善意的微笑中，揭示生活中乖谬和不通情理之处。

"幽默"这个名词的意义虽难以解释，但凡是真正理解这两个字的人，一看见它们，便会自然地在嘴角上浮现出会心的微笑来，所以你若听见一个人的谈话或是看见一个人的文章，其中有能使你发出会心微笑的地方，肯定其中含有"幽默"的成分，或者称那谈话是幽默的谈话，那文章是幽默的文章。

相信下面印度作家泰戈尔的回信定然能使你发出会心的微笑：

有一次，泰戈尔接到一个姑娘的来信："您是我敬慕的作家，为了表示我对您的敬仰，打算用您的名字来命名我心爱的哈巴狗。"泰戈尔给这位姑娘写了一封回信："我同意您的打算，不过在命名之前，你最好和哈巴狗商量一下，看它是否同意。"

泰戈尔是如此的宽容和蔼，他的回信又多么饱含智慧！

"幽默"用"会心的微笑"来解释就很恰当，而且容易理解。因为，"幽默"既不像滑稽那样使人傻笑，也不像冷嘲那样使人在笑后觉得辛辣。它极适当地使人在理智思考过后，在情感上产生会心的微笑，这是最高级的幽默。

幽默的人生观是真实、宽容、同情的人生观。幽默的人看见虚假的东西就发笑。所以不管是虚假新闻、虚假广告，还是被崇拜、袒护、掩护、维护的虚假偶像，都敌不过幽默的哈哈一笑。只要它看穿了你的东西是假冒的，哈哈一笑，你便毫无办法。所以幽默的人生观是真实的，是与虚假相对的。

幽默是宽容的。《汉书·张敞传》中有张敞画眉的一段故事：

"(京兆尹张敞)常为妇画眉，长安中传张京兆画眉妩。有司以奏敞，上问之，对曰：'臣闻闺房之内，夫妇之私，有过于画眉者'。上爱其能，弗备责也"。

这故事固然好在张敞的幽默和诚实，更好在汉宣帝的幽默和宽容。若当时两位君臣板起面孔来，什么话都不好说了，张敞非得丢掉性命不可。汉宣帝不严于责人的宽容心就是他的幽默。

幽默是同情的，这是幽默与讽刺的不同之处。幽默绝不是板起面孔来专门挑剔人家的不好，也绝不是对人说些俏皮、奚落、挖苦、刻薄的话。幽默甚至厌恶那种刻薄讥讽的做法。林雨堂说:"幽默看见这不和谐的社会挣扎过活,有多少的弱点,多少的偏见,多少的迷蒙,多少的俗欲,因其可笑,觉得其可怜,因其可怜又觉得其可爱,像莎士比亚看他戏中的人物,像狄更斯看伦敦社会,虽然不免好笑,却是满肚子我佛慈悲,一时既不能补救其弊,也就不妨用艺术功夫著于纸上,以供人类自鉴。有时候社会出了什么大事,大家才不会冷酷地把一人的名誉用'众所共弃'四个字断送,而自以为是什么了不得的正人君子了。"

5. 幽默是高雅的语言艺术

幽默中虽然蕴含着引人发笑的成分,但是,它绝不是油腔滑调、故弄玄虚或矫揉造作、插科打诨。一个真正具有幽默感的人,大都具有较高的文化水平和良好的品德修养,而从那些不学无术的人的口中说出来的往往只是一些浅薄、低级的笑话。

幽默是一种高雅的语言艺术。它总是于诙谐的言语中蕴含着真理,体现着一种真善美的艺术美。因而,幽默必须是乐观健康、情调高雅的。

一位哲人说过:"幽默是一种轻松的深刻,面对肤浅,露出玩世不恭的微笑。"体会起来,这话确有道理。在人与人的交往中,面对那些浅薄狂妄之人,为了不伤害到对方的自尊,我们需要含蓄婉转地将自己的意见表达出来，让人含着微笑接受劝慰、忠告或批评。

有位青年要向苏格拉底学习演讲，为了表现自己的才华，他滔滔不绝地讲了许多大话。苏格拉底没有直接批评他的浅薄与轻狂，却表示愿意收他做学生，但是收取两倍的学费。年轻人大惑不解："为什么对我要加倍收费呢？"苏格拉底一本正经地说："除了教你怎么演讲之外，我还要再教你一门功课——怎么闭嘴。"

幽默的语言艺术就在于它能真假并用，曲折地、间接地将意见表达出来，使之耐人寻味且寓意深刻，并且能很好地照顾到对方的自尊。

幽默之所以受人欢迎，是因为它体现在"趣""隐"之上，它赋予语言以力透纸背、意蕴深长的力量。言谈幽默者往往能使人心中一亮，恍若流星划过暗夜的天空，光华只在瞬间闪耀，美丽却在心中存留。

据说《大不列颠百科全书》最初几版收纳"爱情"条目，用了5页的篇幅，内容非常具体。但到第14版之后这一条目却被删掉了，新增的"原子弹"条目占了与之相当的篇幅。

有一位读者为此感到愤慨，责备编辑部藐视这种人类最美好的感情，而热衷于杀人的武器。对此，该书的总编辑约斯特非常幽默地给予了回答："对于爱情，读百科全书不如亲身体验；而对于原子弹，亲身尝试不如读这本书。"

这位总编辑的幽默中包含了很深的哲理，他将爱情和原子弹进行比较，在答复读者质问的同时又表达了他和读者一样，珍惜人类最美好的感情、不愿原子弹成为"人类之祸"的意愿。编辑简单明了又具有穿透力的言语使幽默提升到一个更高的层次，具有了更深、更广的含义。

幽默的高雅性，还体现在它能化解矛盾，避免大动干戈。在现实生活中，我们常常可以看到，在双方争论激烈、剑拔弩张、僵持不下时，其中一方的一两句幽默的话语，就可以使得双方握手言和、化干戈为玉帛。

有一位商人见到诗人海涅（海涅是犹太人），对他说："我最近去了塔希提岛，你知道在岛上最能引起我注意的是什么？"

海涅说："是什么？"

商人说："在那个岛上呀，既没有犹太人，也没有驴子！"

海涅回答说："那好办，我们一起去塔希提岛，就可以弥补这个缺陷。"

这里商人把"犹太人"与"驴子"相提并论，显然是暗骂犹太人与驴子一样，而海涅则听出了对方的侮辱和取笑，回答时话里有话，暗示这个商人是驴子，使商人自讨没趣。海涅运用一句小幽默，避免了他与商人之间的正面冲突，既维护了自己作为犹太人的尊严，也有力地回击了商人对他的侮辱。

幽默能创造友善，避免尖锐、对立。俗话说："笑了，事情就好办！"我们在工作和生活中，如果善于借助幽默的语言艺术，你成功的可能性便大大增加了。

一位营销人员在市场上推销灭蚊剂，他滔滔不绝的演讲吸引了一大堆顾客。突然有人向他提出一个问题："你敢保证这种灭蚊剂能把所有的蚊子都杀死吗"这位营销人员机智地回答："不敢，在你没打药的地方，蚊子照样活得很好。"就是这句玩笑话，使人们愉快地接受了他的推销宣传，几大箱子灭蚊剂很快就销售一空。

面对顾客的质疑，这位营销员并没有给出绝对答案，而是委婉、间接地道出了灭蚊剂的神奇功效，从而赢得顾客的信服。可见，有时候把话说得委婉一些、诙谐一些，往往更容易成功。

幽默是一种高层次的语言艺术和思维智慧。真正的幽默需要深刻的思想、高尚的人格、轻松愉快的表达形式，让人在开怀的同时还能受到启迪。或许我们在幽默时无法达到伟人高尚纯洁的人格魅力，但是，我们至少要保持一定的精神品位，不谈那些庸俗的东西，而应该多一些高雅的内容，多一些精神交流和切磋，这样才能相互促进、共同提高，使人与人的交往更益于工作、生活及身心健康。

6. 幽默是一种修养

有位哲人说："世界上没有哪一位伟大的革命家、艺术家是没有幽默感的。"幽默不仅是一种优美的、健康的品质，而且还是一种修养、一门学问。知识是孕育幽默的沃土，幽默是知识的产物。只有掌握了广博的知识，幽默才能运用得得心应手。

一辆疾驰且拥挤的公交车突然紧急刹车，一位男士不慎撞在了一位女士的身上。该女士认为这名男士是故意占她便宜，大声骂道："德性！"

骂声引来众多好奇的目光，该男士立即回应："对不起，小姐，不是德性是惯性！"

女士忍俊不禁，于是，全车人释然。

幽默是瞬间的灵感，所以必须有丰富的学识和机智，才能发出幽默的语句，如此可能化解尴尬的场面，也可能于谈话间有警世的作用，更可能作为不露骨的自卫与反击。

泰格是哈佛大学毕业的著名律师，当选为州议员。有一次，他穿了乡下人的服装到了波士顿的某旅馆入住，一群绅士淑女在大厅里看到了他，便对他一番戏弄。泰格对他们说："女士们，先生们，请允许我祝愿你们愉快和健康。在这前进的时代里，难道你们不可以变得更有教养、更聪明吗？你们仅从我的衣服看我，不免会看错人，因为同样的原因，我还以为你们是绅士淑女呢，看来，我们都看错了。"

幽默不是讽刺，它或许带有温和的嘲讽，却不刺伤人，它体现出一个人的修养和人格魅力。至于幽默对象，它可以是以别人，也可以以自己为对象，而在这当中，便显示了幽默与被幽默者的胸襟与自信。

幽默高手往往都具有一种宽宏博大的胸怀。他们大多宽厚仁慈，富有同情心。它不是超然物外、看破红尘，而是一种积极豁达的人生观念。

有一位顾客正在一家小餐馆进餐，吃到一半时，他突然高喊："服务员，快来呀！"在场的人都吃了一惊，当服务员赶来时，他不慌不忙地朝饭碗里指了指，说道："请帮我把这块石头从饭碗里抬出去好吗？"

一天，罗伯特敲开了邻居的门："请把您的收录机借给我用一晚上好吗？""怎么，您也喜欢晚间特别节目吗？""不，我只是想夜里安安静静地睡上一觉。"

在社交场合中，难免会发生冲突，由于某种原因，你必须对朋友当场提出批评时，不妨采取上面这种曲折暗示的方法，这样既能表达你的意见，又能避免短兵相接、激化矛盾，还能表现你豁达大度的良好修养。

幽默的口才不是天生的，大多是后天修炼而来的。在修炼幽默感时一定要注意，一个心胸狭窄、思想消极的人其言语往往很难充满趣味。幽默属于那些心宽气明，对生活充满热忱的人。不要对自己有不切实际的过高要求，不要过于在意别人对自己的看法，学会善意地理解别人，正确地认识自我，不论在什么样的环境中总是保持一颗愉悦向上的好心情，如此才能成为一个幽默高手。

7. 幽默能成就你的威信

作为一名优秀的领导，要想在员工面前树立威信，不能仅仅在员工面前表现出自己严肃、认真的一面，还要在员工面前展现出自己幽默风趣的一面，树立一种和蔼可亲的形象、给员工带来欢乐，能让公司的气氛融洽，从而带动员工的工作热情，增强公司的凝聚力。

　　一家公司的经理和员工们一起冒雨卸货，浑身淋得透湿。他抹着脸上的雨水，笑着对员工们说："今天我们的晚餐可以加一道新菜了。"没等员工们反应过来，他接着说："清蒸'落汤鸡'，味道肯定不坏！"一句话把员工们都给逗乐了，工作中的饥饿和劳累顿时就被一扫而光。

　　幽默作为管理者的一种美好、健康的品质，如若能恰如其分地运用，必然能够激励员工，使之心甘情愿为公司效力。

　　乔是某企业的主管，他是一个非常善于与员工沟通的人。有一次，他出差回到公司，正好碰到公司职员们聚在办公室一起哼唱神曲弥赛亚中的一段合唱。职员们一见主管到来，匆匆奔回各自的工作岗位。见到这种怠工的状况，乔并没有发火，只是对员工们说："刚才好像听到弥赛亚来过了，大家怎么不请他等我一下？"

　　作为领导，在员工心目中塑造一个平易近人的形象需要通过多种途径和下属们做好沟通工作。领导和员工在一起，如果能够一直保持一种幽默轻松的氛围，那么，领导在下属心目中，自然而然就产生威信力了。

　　据美国针对1160名管理者的一项调查披露：77%的人在员工

会议上以讲笑话来打破僵局；52%的人认为幽默对开展业务有帮助；50%的人认为企业应该考虑聘请一名"幽默顾问"来帮助员工放松；39%的人提倡在员工中"开怀大笑"。一些著名的跨国公司，上至总裁下到一般部门主管，都已经开始将幽默融入日常的管理活动当中，并将它作为一种崭新的激励手段。

当领导者懂得运用幽默力量去管理员工时，不仅很容易得到下属的尊敬和爱戴，而且，还很容易将责任落实到位，使下属能自由地发挥创意、努力进取。

有些领导者担心自己的幽默会影响自己在下属心中的威信。事实证明，那些懂得给自己的"官范儿"注入幽默的领导者，往往更富有气魄和领导魅力。

那些富有幽默气质的领导者与古板严肃的领导者相比，往往懂得用幽默去化解许多工作中的尴尬、维护员工的自尊，因而，他们身边很容易聚集一批愿为之效力的员工。

如今，国外的一些企业已经将是否具有幽默感列为选择工作人员的必备条件之一，因为具有幽默感的口才是衡量一个人社交能力的重要指标。身为企业中坚力量的领导者，当然更应具备幽默这种必备的素质。如果一个领导者谈吐风趣、具有幽默口才，那么，他往往更容易博得广大群众的好感与信任，同时，也一定具有随机应变的能力，能婉言道出难以启齿的问题，能使自己所领导的团队变得友好与和睦，并成为团队的精神领袖。

那么，领导者具体该如何培养自己的幽默感呢？

（1）博览群书，拓宽自己的知识面。知识积累得多了，在跟各种人在各种场合接触时，自然就会变得胸有成竹、从容自如。

（2）需培养高尚的情趣和乐观的信念。一个心胸狭窄、思想消极的人是不会产生幽默感的，幽默总是出自那些心宽气明、对生活充满热忱的人。

（3）提高观察力和想象力，要多多运用联想和比喻。

（4）作为一名企业主管，要有意识地训练自己对突发状况的反应速度和应变能力。如多参加社会交往，多接触形形色色的人，都可以增强管理者的社会交往能力和幽默感。

在这里，还有一些技巧需要注意：一是幽默不要太随意。要想取得理想的效果，就要在某些特定的场合和条件下发挥，而不能不假思索地随意乱用。例如，在一个正式的会议上，当你的员工在发言时，你突然冒出一两句幽默的话语，可能其他人会被你的幽默逗笑了，但发言的那位员工的心里肯定觉得你不尊重他，对他的发言不感兴趣。二是幽默要远低俗、近高雅。作为领导者，要想树立威信，在制造幽默时，一定要选择趣味高雅的幽默，否则，会降低你在员工心目中的形象。三是不需要幽默时不要硬幽默。如果你的条件并不完备，你却要尽力表现出幽默，其结果往往会勉为其难，对方也不知该不该笑一笑。这样，双方都会陷入尴尬的境地。

在日常的工作中，如果你恰如其分地与员工开个玩笑，幽上一默，那么，你的员工必然会觉得你很随和，愿意接近你、信服你。这样，你才能真正了解他们，与他们更好地进行沟通，从而推动工作的顺利开展。

8. 幽默最能提升你的魅力指数

著名的好莱坞笑星迈克·梅尔斯在很小的时候，他的父亲老梅尔斯就开始培养他的幽默感，并亲自为他选择身边的朋友，如果哪个孩子不够幽默，老梅尔斯便不允许梅尔斯与其交往。老梅尔斯为了勉励梅尔斯，曾经写过一篇《为子祈祷文》，在文中，他曾祈求神赐给他儿子"充分的幽默感"，使他绝不自视非凡、过于拘执……在老梅尔斯的苦心栽培下，梅尔斯终于凭借着自己独特的魅力——幽默征服了整个世界。

幽默是对一个人更高层次的要求。不管是生活上还是事业上，幽默都是一种让人更显优秀的力量。幽默能够提升一个人的魅力指数，让你在生活中左右逢源，在事业上妙解难题、凸显魅力，获得更多的赞许和支持。

在"世界小姐"的决赛现场上，主考人向一位小姐提了一个让人意想不到的问题："如果可以选择，请问你是愿意嫁给肖邦还是希特勒？"

这位小姐停顿了片刻，然后微笑着回答："我愿意嫁给希特勒。"

就在全场一时愕然，人们纷纷替她惋惜之时，那位小姐接着说："如果我能嫁给希特勒，也许人类就不会发生第二次世界大战了。"

顿时，满堂为之喝彩，这位小姐得到了在场所有人的支持。

懂得幽默的人就是具有这样一种运筹帷幄的能力，它可以在无形中让对方尊重自己、认同自己、肯定自己，心甘情愿信服自己。

人生在世，我们不可避免地要面对尴尬，这很可能会威胁到我们努力经营的风度、魅力和好口碑。但是，懂得幽默的人通常可以化险为夷、巧妙应对，及时地抓住机遇，让自己的魅力光环更添亮丽。

一个年轻人给女友过生日，热热闹闹的生日宴会进行到高潮时，他的一位毛手毛脚的同事喝多了，无意中撞到了桌子，几个酒杯应声落在地板上摔碎了。

大家面面相觑，觉得这是一个不祥的兆头，一时间气氛紧张起来。令大家没想到的是，年轻人不慌不忙地拥抱了女友，然后说："亲爱的，这是祝福你落地生花，岁岁（碎碎）平安呢！"

女友瞬间心花怒放，激动地给了他一个吻，宴会也恢复了之前的欢歌笑语。

幽默是一种心理艺术。一个懂得运用幽默的人，不仅能够更好地面对生活中的难题，还能将自己的优点充分展现出来，有时甚至能将自身的缺陷当成提升魅力指数的武器。

美国有一位体态肥胖的女政治家，在竞争激烈的竞选中，她并没有因为她外形的劣势而处于下风，反而利用其劣势为自己赢得更多的选票，而这一切都源于她的幽默。

在竞选演讲中，女政治家轻松地自我解嘲说："有一次，我穿着白色的泳衣在大海里游泳的时候，引来了苏联的轰炸机，我被人误以为是美国军舰。"结果，这位女政治家凭借自己的幽默魅力打动了在场的选民。

人无完人，每个人都有这样或那样的缺陷和不足，但是这并不能成为提升自身魅力的阻碍和借口。一个人只要懂得适度运用幽默，无论自身存在多大缺陷，其魅力指数都会倍增。人们忽视女政治家的外形，而更看重她的幽默魅力就是明证。

幽默还是一种润滑剂，它可以化解尴尬、消除难、帮助人类更好地交流沟通。它甚至还能于无形中击退敌人、扭转乾坤，让不尊重你的人对你刮目相看。

幽默的魅力，好似空谷幽兰，你无法看到它怒放的样子，却能闻到它清新淡雅的香味；又如同美人垂帘，你无法目睹美人的容貌，却能听到婉转娇媚的声音，给人留下无限想象的空间……幽默所散发出来的魅力是一种良性循环，它让人具有魅力，让具有魅力的人更有魅力！

9. 幽默感可以拉近你与别人的距离

林语堂曾说："达观的人生观，率直无伪的态度，加上炉火纯青的技巧，再以轻松愉快的方式表达出你的意见，这便是幽默。"所以，幽默不是滑稽，也不是尖酸刻薄，它包含了智慧、亲切、诚恳，并带人情味，它可以让人与人之间倍感亲近，进而拉近人与人的距离。

幽默能够迅速消除人与人之间的陌生感，并为幽默者增添魅力。同时，幽默也能拉近人与人之间的感情距离，因为一起笑的人之间已经产生了默契，这是社交成功的第一步，也是很重要的一步。

有一家坐落在四季宜人的风景名胜区内的旅社，叫作"泰远旅社"，一个保险行销人员前往这家旅社，向老板推销保险，当保险行销人员与那家旅馆老板在旅馆中进行磋商的时候，如同一般投保人的反应一样，那位老板对保险行销人员说："这件事情让我再考虑几天，因为我还需要和我的太太商量一下"。

保险行销人员在听完他的推托之辞后，这样对他说："来到贵店'太远'，如是'太近'的话，多来几次也无妨。但是偏偏我却是身居在那遥远的台北……"听了这番话之后，那位老板忍俊不禁，笑个不停，结果在那天这个行销人员就谈成了这笔生意。

因为这家旅馆名叫"泰远"，与"太远"同音。这位保险行销人员巧借同音幽默一把，博得旅行社老板的好感，使得双方在愉悦的氛围中达成合作。

相信每个人都喜欢生活在愉快的氛围中，因此，当你身处尴尬紧张的僵局时，如果能以一种了解、体谅的心情来待人处事、化解僵局，必定能广结善缘。

有一次，由爱因斯坦证婚的一对年轻夫妇带着小儿子来看他，当孩子刚看了爱因斯坦一眼就号啕大哭起来，弄得这对夫妇很尴尬。幽默的爱因斯坦却摸着孩子的头高兴地说："你是第一个肯当面说出你对我的印象的人。"

在晚辈来访的轻松气氛下，爱因斯坦的幽默言谈并没有损及他自己的面子，反而活跃了气氛，使来看望他的这对夫妇能在一种轻松自在气氛中和他交流，融洽了主客双方的关系。

幽默能缓和气氛、打破僵局。有幽默感的人必然是一个感觉敏锐、心理健康的人。也必然是笑颜常开、胸襟豁达的人。这样的人，别人乐意与之交往、与之亲近、与之为友。

有位大法官，他寓所隔壁有个歌唱家，常常把音响的音量放大到使人难以忍受的程度。终于有一天，这位法官忍无可忍，便拿着一把斧子，来到邻居家门口。他说："我来修修你的音响。"歌唱家吓了一跳，急忙表示抱歉。法官说："该抱歉的是我，你可别到法庭去告我，瞧我把凶器都带来了。"说完，两人像朋友一样笑开了。

幽默就像一缕阳光，可以驱散重重乌云，一切的怀疑、郁闷、恐惧，都会在幽默中消散无踪。幽默运用得当，可以使敌对的人哑口无言，还可以解除尴尬的局面，使我们四周充满欢笑。

在生活中，当我们遇到挫折或不幸时，每个人都希望得到他人的安慰。然而，安慰并非仅仅是说几句让人宽心的话，如果能在安慰他人的时候加一些幽默内容，那么，就可以让对方在逆境中感到温暖、缓解精神压力，更好地面对生活中的各种难题。

一位女子的母亲刚刚过世，情绪非常低落。她的朋友见她如此悲伤，便安慰她说："别担心，阿姨在那边不会孤单的，我妈妈可以带她四处去玩，她对那边很熟。"女子一听，忍不住笑了，心里顿时也宽慰不少。

原来这位朋友的妈妈在前几年因病去世了，为了安慰自己朋友，他不惜揭开自己的伤疤，讲出自己母亲去世的情况。他没有直接谈及生死，而是以乐观豁达的心态去安慰和感染朋友，他的深切关怀，让人倍感温暖。

人生在世，不如意事十之八九，这就需要我们能以乐观的心态看待挫折和低潮，能以幽默风趣的态度来应对困难。当我们身边的人身处逆境时，我们要懂得幽默地加以安慰，以此缓解他们糟糕的情绪。

幽默是一种积极的生活态度。没有幽默感的人，就像没有减震弹簧的车一样，路上的每一块或大或小的石头都会使其颠簸。因此，获得别人好感，关键因素就在于把自己的幽默感注入别人的内心，以此消除彼此之间的距离感，让人觉得你亲近。

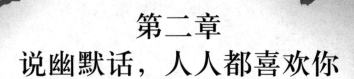

第二章
说幽默话，人人都喜欢你

  无数事实证明，幽默口才具有惠己悦人的神奇功效。在任何场合，拥有良好幽默口才的人总会赢得他人的好感，获得众多的支持和理解。例如：当众演讲，幽默能制造出"余音绕梁，三日不绝"的最佳效果；玩转职场，幽默能助你闯过重重难关；生意场上，幽默能让你如鱼得水；追爱路上，幽默能助你瞬间俘获女孩的芳心；婚姻生活中，幽默能化解夫妻矛盾、促进亲子沟通、礼敬长辈，让你获得长久的幸福与安宁……

1. 学会幽默，让你玩转任何场合

在实际生活与工作中，我们会遭遇到各种各样令人头疼、难堪的交际场合，如果处理不当，就可能给自己招来不必要的麻烦，使自己陷入窘境。这时，如果我们能急中生智，巧妙运用幽默化解，那么，无论任何场合你都能"玩得转"。

在一些重大的社交场合，由于各种原因，有时可能会遭遇冷场，这时，如果我们能不时穿插一些小幽默，不仅能活跃气氛，还能使你赢得他人的好感，获得众多的支持与理解。

语言是"伴随着温度"的东西，而幽默沟通术则能使语言"升温"。可以说，幽默是缓解冷场、赢得人心的绝佳方式。

在一些公共场合，有时难免会遇到一些意外的突发情况，让我们陷入尴尬难堪的境地。这时，我们不妨来点幽默。不仅能缓和紧张的气氛，而且还能更快、更好地解决问题，使局面重新得到控制，使自己摆脱尴尬的处境。

众所周知，第一次登上月球的人是阿姆斯特朗。但是，大家不知道的是，与阿姆斯特朗一起登月的还有一个人，叫奥尔德林，只因为是阿姆斯特朗先踏出第一步，而奥尔德林因此错失了"登月第一人"的称号。

在庆祝登月成功的庆功宴上，一位记者出乎意料地向奥尔德林提出一个特别的问题："阿姆斯特朗先下去了，所以成为登月的第一人，这样一来，你会不会觉得非常遗憾？"

当时的场面顿时变得有几分尴尬，所有人都屏住呼吸等待奥尔德林回答。但是，奥尔德林却非常有风度地说："各位，千万不要忘了，回到地面时，我是第一个走出船舱的。"环视了一下四周，他接着说："所以，我是由别的星球来到地球的第一人。"

此语一出，与会宾客都被阿姆斯特朗的幽默逗乐了，宴会上传出如雷的掌声。

阿姆斯特朗巧用一个小幽默，不仅缓解了当时的尴尬局面，也让人为他的豁达开朗而折服。

在现实生活中，类似上面的尴尬场合时有发生，如果想巧妙地让自己摆脱这种预料之外的尴尬，我们就需要具有应对突发事件的冷静与智慧，以及灵活使用幽默的技巧。

在人际交往过程中，有时我们难免会与人争辩，甚至遭遇别人的辛辣讽刺，这时，倘若我们能善用幽默辩论，则往往能够使"火药味"降到最低，且能够完好而含蓄地表达自己的立场。

在一个古希腊幽默故事中，一个朋友嫌弃索克拉特太穷。一天，这位朋友骑着一匹十分矫健的马，引得许多过往行人驻足欣赏。

索克拉特走上前去说道："我想，这匹马一定很富有……它一定拥有大笔财富。"

朋友笑起来说道："你知道，任何一匹马都是不可能有钱的。"

索克拉特说："没有钱？它和我一样贫穷！可是你瞧，这并不妨碍它成为一匹好马！"

"没有钱可以成为一匹好马"，暗示贫穷并不妨碍人成为好人，索克拉特假借对马的评价，巧妙地论证了钱并非评价一个人好坏的标准。这种辩论以故作蠢言开始，以机智巧辩结束，幽默而含蓄、温和。

有一次，马克·吐温去拜访法国名人波盖。波盖取笑美国的历史很短："美国人没事儿做的时候，往往就爱想念他的祖宗，可是一想到他的祖父那一代，就不得不停止了。"马克·吐温听了之后淡淡一笑，以诙谐轻松的语气说："当法国人闲来无事的时候，总是尽全力地想他的父亲到底是谁？"

可见，如果幽默运用得当，不仅可以使一个敌对的人哑口无言，还可以解除尴尬的局面，赢得别人的称赞。

在社交场合，幽默的沟通力就像润滑剂一样协调着人们的关系，例如解救冷场、应对意外、维护利益与尊严等，以此提高沟通效率。尤其在公共场合，幽默更能显示出一个人的素质、修养以及应变的灵敏与机智。所以，学会运用幽默，能让你玩转任何场合，沟通无往不胜。

2. 幽默的人最受欢迎

幽默的力量能帮助你在工作上与他人建立和谐的关系。当你希望成为一个为人们所喜欢和信任的人时，它一定能帮助你做到。

有一个吝啬的小老板叫伙计去买酒，伙计向他要钱，他说："用钱买酒，这是谁都能办到的，如果不花钱买酒，那才是有能耐的人。"

一会儿，伙计提着空瓶回来了。老板十分恼火，责骂道："你让我喝什么？"

伙计不慌不忙地回答："从有酒的瓶里喝到酒，这是谁都能办到的，如果能从空瓶里喝到酒，那才是真正有能耐的人。"

老板笑了，他不得不暗中佩服伙计的机智与幽默。

如果你是一个小人物，告诉你一个秘密：幽默的力量是助你通向成功的秘诀！再看一个例子：

阿丽是一家大公司公共关系的协调人，在一年半之中，她连续雇用、训练并失去了三位秘书，三位都离职升迁。

"怎么回事？"她开始惊疑自己，"为什么一个秘书也保不住？"

有一位同事分析说："这三位秘书都是在公共关系方面找到更好的工作，你应该感到骄傲，因为你帮她们往上爬。"

"我的困扰就是在于入错行了，"阿丽说，"我应该去当老师。显然是我教得太好了，下次我不会把秘书训练得这么好。"

用幽默的方式表达激励的愿望并不是成人的专利，对孩子运用幽默的力量，有时也能收到很好的效果。

在你的工作中，幽默能够形成一股力量去了解、影响并激励他人，同时也使自己学会了解并接受自己。要达到这个目的，你可以从现在开始。

有一位演说家公开指责喝酒的坏处。"我希望所有的酒都在海底深处！"

"我也是！"听众之中冒出一个声音。

"先生，恭喜你！"演说家说，"我看得出你是一个有奉献精神的人，能否请问你从事什么职业？"

　　"当然可以。我是一个深海潜水员。"

　　在枯燥的工作中，你可以和你周围的人一同笑那些在不知不觉中发生的趣事。再讲个办公室里经常遇到的问题：

　　有一位人事经理填写一份问卷，其中一道问题是："你办公室里有多少人受婚姻的困扰？"

　　他回答："酗酒是我们更大的问题。"

　　当你的老板开他自己的玩笑并与你一同笑他自己的时候，你尽量也同样幽默地回应他，这样你们将彼此都有所得。也许他会这样说：

　　"不要把我当作你的老板，只当我是一个永远正确的朋友。"

　　这时你可以调侃地说："其实我是把你当成拼图游戏，当你想拼好完整的图时，就得往碎片里找。"

　　当别人想努力做好本职工作时，你和他一同发觉幽默事能融洽你和他之间的关系。例如：

　　你对医生说："我知道你是个非常成功的医生，病人没有什么毛病，你也有办法告诉他有什么毛病。"

医生对你说："我的成功是因为我是个专科医生。也就是说我能训练病人在我的诊所里生病。"

你对同事说："我看得出你知道办好事情的秘诀。而且你也知道如何秘而不宣。"

你的同事对你说："谢谢你把你的一点想法告诉我。我很感激，尤其是当你的业绩如此之低时。"

你也可以笑那些与你的工作有关或无关的事情，这样做既给你的工作增添了活力和生机，也能给工作带来启迪。

某地区交通部门曾设计出这样的交通安全宣传用语："先生，你驾驶汽车，时速不超过60千米，可以欣赏到本市的美景；超过120千米，请光顾本市设备最新的医院；上了150千米，祝您安息！"

哥俩一起干活。哥哥说："都说一个监工能顶两个人干活。今天我当监工，你干活，咱俩能顶三个人。"

弟弟说："咱俩都当监工吧！两个监工能顶四个人呢！"

如果我们尖刻地批评一位处理工作不佳的同事，实际上并不会取得什么理想的结果。受批评的同事只会因批评逐渐丧失工作的自信心，产生抵触情绪，我们也会因此失去这位同事的信任，对彼此的工作得不到任何帮助。但是，如果我们站在对方角度，多为对方考虑问题，就很容易打开对方意欲关闭的心扉，取得沟通的成功。

凭幽默的力量来获取成功，以幽默而友善的方式代替批评，对工作上出了毛病的同事，以幽默劝慰来化解尴尬。

对棘手的工作保持谨慎、幽默的态度，能帮助我们避免错误并防止失败。

在一个汽车展示会上，一对年轻夫妇对一辆小汽车的价钱颇有不满。

"这几乎等于一辆大型汽车的价钱了。"丈夫抱怨。

销售员说："当然，如果您喜欢大车的话，同样的价钱，我可以卖给您两台大型拖拉机。"

社会的需求是多方面的，工作的种类也是五花八门的。不管你从事什么样的工作，都请用轻松愉悦的态度去面对挑战吧！

3. 幽默多了朋友多

俗话说：在家靠父母，出门靠朋友。能够多交一些朋友，常与朋友交谈、聊天，就会心胸开阔、信息灵通、心情开朗，也能取人之长、补己之短。遇到烦恼的事情，朋友可以安慰你；遇到什么难题，朋友可以帮你出主意；有什么苦衷，也可以向朋友倾诉一番；遇到什么喜事和值得高兴的事，可以和朋友说说，分享快乐。

　　在拥挤的公交车上，即使身体互相挤擦，人们之间一般也无话可说。可是有这么一个人他突然就耐不住寂寞了，他说道："喂，各位，大家都吸一口气，缩小些体积，我挤得受不了啦，快成照片了！"大家就一起笑起来。陌生人之间都变得亲近起来，交流便由此开始了。

　　要找到志同道合的朋友并不是一件容易的事情。交友难，其实难就难在交友的方法上，幽默交友不失为一种有效的方法。陌生的朋友见面，如果幽默一点，气氛将变得活跃，交流会更顺畅。

　　大多数人都有广交朋友的心，苦的是没有行之有效的方法，如果我们能像张大千一样，注意感受生活、勤于思考，有一天我们也会变得和他一样幽默风趣，到那时候，对我们来说世界就不再是陌生的了，因为陌生人也会乐意成为我们的朋友。

　　两辆轿车在狭窄的小巷中相遇。车停了下来，两位司机谁也不准备给对方让道。对峙了一会儿，其中一个拿出一本厚厚的小说看了起来，另一个见了，探出头来高声喊道：

"喂，老兄，看完后借我看看啊！"

　　逗得看书的司机哈哈大笑，主动倒车让路。另一个司机则在车开过了小巷之后主动与看书的司机交换了名片，并真的向他借书看。

　　两人的家离得本就不远，后来两人就成了很好的朋友。

　　上面故事中向人借书看的那位司机真是将幽默的交友艺术发挥到了极致，他用幽默的话语将矛盾的热度降低到零点，把车开出小巷之后本就已经达到了目的，他却没有就此停止，而是通过幽默的交流方式拉近了两人的距离，更与对方发展成朋友关系。所以，当我们与陌生人发生冲突的时候，如果能幽默一点、大度一点，矛盾应该可以化解，敌意也能变成友谊。

　　朋友间的幽默，方式很多，只要"幽"得开心，"默"得可乐就可以了。

　　法国作家小仲马有个朋友写的剧本上演了，朋友邀小仲马同去观看。小仲马坐在最前面，总是回头数："一个，两个，三个……"

　　"你在干什么？"朋友问。

　　"我在替你数打瞌睡的人。"小仲马风趣地说。

　　后来，小仲马的《茶花女》公演了。他便邀朋友同来看演出。这次，那个朋友也回过头来找打瞌睡的人，好不容易终于也找到一个，说："今晚也有人打瞌睡呀！"

小仲马看了看打瞌睡的人，说："你不认识这个人吗？他是上一次看你的戏睡着的，至今还没醒呢！"

小仲马与朋友之间的幽默是建立在一种真诚的友谊的基础之上的，丢掉虚假的客套更能增进朋友之间的友谊。可见，交朋友要以诚为本。朋友之间要以诚相待，互相关心、互相尊重、互相帮助、互相理解。爱人者人恒爱之，敬人者人恒敬之。关心别人，才会得到别人的关心；尊重别人，才会得到别人的尊重；帮助别人，才会得到别人的帮助；理解别人，才能得到别人的理解。

掌握了幽默的交友技巧，我们的朋友就会遍布天下，陌生人会变成新朋友，更多的新朋友将变成老朋友。

4. 用幽默顺畅人际关系

我们在与人相处时，不可能事事一帆风顺，也不可能要求每个人都对我们笑脸相迎。很多时候，我们也会被他人误解，甚至被嘲笑、被轻蔑。这时，如果我们不能善于控制自己的情绪，就会造成人际关系的不和谐，对自己的生活和工作都将带来很大的影响。所以，当我们遇到意外的沟通状况时，就要学会用幽默的力量控制自己的情绪，因为轻易发怒只会造成负面效果。

有的人在与他人合作中听不得半点"逆耳之言"，只要别人的言辞稍有不恭，不是大发雷霆就是极力辩解，其实这样做是不明智的。这不仅不能赢得他人的尊重，反而会让人觉得你不易相处。保持虚心、随和、幽默的态度将使你与他人的合作更加愉快。

事实上，凡是允许情绪控制其行动的人，都是弱者，真正的强者会迫使他的行动控制其情绪。一个人受了嘲笑或被轻蔑，不应该表现得窘态毕露、无地自容。如果对方的嘲笑中确有其事，就应该勇敢幽默地承认，这样对你不仅没有损害，反而大有裨益；如果对方只是横加侮辱、盛气凌人，且毫无事实根据，那么这些对你也是毫无损失的，你尽可幽默对待，这样益发显现出你人格的高尚。

能否很好地控制自己的情绪，首先取决于一个人的气度、涵养、胸怀、毅力，其次就是要掌握其他的一些缓和情绪的方法，幽默就是其中重要的一种。历史上和现实中气度恢宏、心胸博大的人都能做到有事断然、无事超然、得意淡然、失意泰然。正如一位诗人所说：忧伤来了又去了，唯我内心平静常在。

细心的人会发现，但凡成功者，都具有较强的亲和力，无论走到哪里，都会备受追捧和拥戴。那么，要想亲和力强，你就要善用幽默。

一个懂得幽默的人，就如同拥有能够春风化雨的魔力，能使紧张的气氛轻松起来，使陌生的心灵瞬间亲近。

美国著名律师约翰·马克是位黑人，在一次演讲中，他信心十足地来到演讲现场准备开讲，这时，他发现，在场的听众大多数都是白人，当时的美国社会白人普遍对黑人存有偏见。于是，他果断放弃了事先准备好的开场白，换言道："女士们，先生们，我到这里来，与其说是发表讲话，倒不如说给这场合增添点颜色。"

话音刚落，听众们全部哈哈大笑，紧绷的对立情绪一下子被笑声驱散了，此后的数个小时里，会场都表现出了前所未有的安静。

在与人谈判时，采取幽默的姿态，不仅可以创造出一个友好和谐的交谈气氛，还能缩短心理距离，钝化对立感。

作为现代领导者，如果总是一副不苟言笑、威慑人的形象，不仅达不到良好的管理效果，还会导致下属强烈的逆反心理。相反，如果在处理工作中的问题能适当使用幽默，就能够增强领导者的亲和力，使工作得以顺利进行。

某著名跨国公司董事长在给员工开会，全场静悄悄的，只听董事长一个人在讲话。这时，有人突然间放了一个响屁，与会者的眼睛全睁得大大的，紧张地注视着主席台上这位平时不苟言笑的老头子。这位董事长扫了会场一眼，摘下眼镜说："我们生活在一个民主的国度里，有意见可以站起来提，不必在下面抗议。"

幽默的语言使全场发出了潮水般的笑声。紧接着，员工们开始纷纷向董事长提出了很多具有建树性建议，使得这次会议成为该公司有史以来最成功的一次会议。

如此成功的一次会议，我们不能否认这多半应该归功于董事长的幽默。实践证明，幽默的领导，永远比到处发"官威"的人更受欢迎。领导者需要幽默，因为有些时候，会运用幽默的技巧甚至比传统的施政手段更能发挥奇效！

幽默可以拉近人与人的心理距离，促进人际关系的友好和谐。但是，有人担心幽默会降低自己在别人面前的形象，其实不然，只要你幽默得放松自然，不但会让你显得胸襟宽广，而且还会让你显得更加和蔼可亲。

俄国文学家契诃夫说过："不懂得开玩笑的人，是没有希望的人。"一个具有幽默感的人，很容易令人亲近；一个具有幽默感的人，很容易使接近他的人有机会享受轻松愉快的气氛；一个具有幽默感的人，也能为自己的人生增添更多的光彩。

5. 幽默可以拉近你与上司的距离

要消除与上司的距离感首先一定要把工作干好，拼尽全力做得十全十美，不要让上司感觉你是个没用的人，其次，准备点下午茶孝敬上司也不为过，最后大多上司都是有文化之人，要是想拉近语言间的距离，你在语言的技巧中要下些功夫，一般说来，幽默语言的效果应该不错。

　　职员："经理，您实在是爱好工作的人！"

　　经理："我正在玩味这句话的含意。"

　　职员："因为您一直都紧紧地盯着我们，看我们是不是正在工作。"

　　职员通过开经理的玩笑，拉近了同经理之间的距离，何况经理也是一个幽默的人。与上司开玩笑还要注意把握好时机。最好时刻留意和上司面对面谈些俏皮话的时机，比如两人并列在一起"方便"或洗手时更加机不可失。同时，那种时候也是你们日后能够说悄悄话、当上司心腹的大好时机。

　　经理，你对酒家那个女孩太过分了吧！真是太过分了！让那种女孩子眼泪汪汪的，真是男人的奇耻大辱啊！不过，您也实在厉害呀！经理。

　　这表面上虽是一句贬谪的话语，但实际上却是赞赏的好话。"经理实在是个高手呀！"这就是明贬暗褒的奉承话。

　　幽默可以帮助我们拉进与上司的距离。不过生活中任何事情都不是绝对的，与上司之间距离的远近也同样如此，这种距离不可太远也不可太近。如果一个人不认认真真地做好本职工作，成天围着上司转，说好话、空话，刻意拉近关系，或整天坐在那里像个提线木偶一样，等着上司安排工作，上司拽一下，你才动一动，无形中给上司形成了这人工作不积极的印象，都是不可取的。

对于许多职员来说，最大的苦恼莫过于工作努力，却得不到领导的赏识。美国人力资源管理学家科尔曼说过："职员能否得到提升，很大程度不在于是否努力，而在于老板对你的赏识程度。"那么，怎么才能脱颖而出呢？对上述问题很苦恼的人或是想要有一番作为的人，可以试试在领导面前化严肃为幽默的交流方法，或许有收获。

　　某公司开始实施销售业绩倍增计划时，主管召集下属严厉地训话：

　　"各位，现在是我们加油的时候了。从明天开始，早上七点半大家就要到这里集合。八点钟一响时，大家就要立刻向外去推销！"

　　大家都不满地抱怨时间太早。

　　这时有位凡事讲求效率和正确性的员工，不慌不忙地反问道：

　　"请问……是时钟开始敲八下时，还是敲完八下才往外跑？"

　　主管过于严格的要求可能会招致下属的不满，上面这位聪明的员工就使用幽默的语言把众人的注意力转移到自己的身上，使尴尬紧张的气氛变轻松。员工的这个幽默既帮了主管的忙，又使主管看到他较强的时间观念，这么一句话使他获得主管的赏识。

　　领导不论身居什么样的要职，也都是人不是神，他一样会有普通人的喜怒好恶，也可能在个人喜怒好恶的支配下说出一些令人尴尬的话，做出一些有可能招致误解的举动。此时，下属应抓住人们对领导言行错愕不解的心理，适当顺水推舟，把领导无意说出的过于直白、犀利的话朝幽默的方向引导，使人们认为领导在开玩笑，从而放松了紧张的情绪。这就让领导觉得你机智、反应迅速，自然会获得领导赏识和信任。

6. 善用幽默征服下属

　　一个精明的领导者要学会征服人心。征服人心的方法很多，但是，在任何场合都适用的方法就是幽默。学会幽默，管理者在管理的过程中就会得心应手、游刃有余。

　　身处高位的企事业负责人，在人们的心目中往往有一种高不可攀的印象，而有远见的高层人士往往希望运用幽默力量来改变他们在公众之中的形象，改善大家对他所领导的公司的看法。而这种形象的树立，就是建立在高层领导人借助幽默人性化的管理基础之上的。

有家公司为了教导主管们学会人性化的管理，特别为主管们安排了有关"沟通"的教育训练课程。

上了一个星期课之后，有位主管在责备老是严重迟到的一个部属时，挖空心思，想在骂他的时候又能保住他的面子。

他把这个部属找来，面带笑容地对他说：

"我知道你迟到绝对不是你的错，全怪闹钟不好。所以，我打算定制一个人性化的闹钟给你。"

这个主管对部属挤了挤眼睛，故作神秘地说："你想不想听听它是怎么人性化的？"

下属点点头。

"它先闹铃，你醒不过来，它就鸣笛，再不醒，它就敲锣，再不醒，就发出爆炸声，然后对你喷水。如果这些都叫不醒你，它就会自动打电话给我帮你请假。"

上级在对下属进行管理的过程中，批评与责备有时是必须的，不可缺少的。然而，事实上，一贯的指责和批评很难使自己的下属心服口服，也难以取得好的管理效果。鉴于此，如果在管理中满面笑容地采用夹带着浓厚幽默语气的人性化批评，那就冲淡了批评与责备的意味，在看似说者无意，听者有心的情况下，保全了对方的自尊，也达到了管理的目的。

有一位叫K的年轻人，他所在公司的经理对下属非常严厉，公司员工都叫他"雷公"。有一天K从外面回来，看到经理位子是空的，以为他不在，就对同事说："'雷公'不在吗？"

说完发现屏风另一边，经理正与客户谈生意，应该听到了他的话。K坐立不安，以为大祸临头。客户走后，经理来到了K身边，K惊恐地向经理道歉。没想到经理微笑道："我们的雷公并不一定夏天才会响的。"

K听了这句话，羞愧难当，这比平常挨骂效果好上百倍。经理也通过幽默改变了在员工中的形象。

K的经理改变以前严厉的管理风格，尝试使用带有幽默感的人性化管理方法并取得了良好的效果。

作为领导，当你运用幽默力量去管理下属时，你会发现不仅更容易将任务交给下属，而且下属能更自由地发挥创意的进取精神。幽默能改善你的将来——因为你的属下或同事会认同你，感谢你坦诚相待的品格以及分享笑声、轻松面对困难的能力。

在管理者与下属之间，很容易在问题的认识上出现意见分歧，进而产生矛盾。但是，懂幽默的管理者是不会让这种不协调的关系加剧的，因为他们善于运用幽默的沟通技巧与下属进行沟通，他们懂得将自己的"意见"幽默地说成"建议"，使下属乐于按照领导的意愿做事。

面对比较着急完成的工作任务，一位聪明的部门主管曾这样幽默地要求一个着急跟男朋友约会的女员工留下来加班。

主管："我的头脑已经落伍了，顶多算是486的配置，而你们年轻人的头脑可是酷睿玖核呢，既然配置升级了，速度也该升级才是，所以要把那份报告材料尽快整理出来给我。"

女员工："没问题，我会尽快完成。"

可见，懂幽默的管理者往往更容易说服下属，使下属的价值观跟自己的趋同。

只要你善用幽默征服下属，真心替下属着想，使他们在轻松、愉悦的氛围中工作，那么所有的问题都会迎刃而解。与此同时，下属自然也会替你着想，维护你、拥戴你，你便可以无往而不胜。

7. 幽默是一种生动的沟通方法

第一印象是所有人际交往的开始，它直接关系到日后人际交往的走向。那么，如何能给人留下深刻的第一印象呢？你可能会提到友善、热情、开朗、宽容、富有、乐于助人等，但事实上，最重要的莫过于幽默了。因为，刚刚我们提到的这些人际交往中必备的正能量，在交际之初是没有太多机会展示的，而幽默是一种最生动的沟通方法，通过幽默的沟通，能够使这些正能量恰到好处地传达出来，给人留下深刻、美好的第一印象，促进交际的进一步发展。

在实际生活中，我们在与不熟悉的人会面时，难免会出现情绪紧张、四目相对、局促无言的尴尬局面，使得沟通难以顺利进行下去。这时候，我们就需要有意识地运用幽默的沟通技巧来增进彼此的认识与了解，使单调的气氛变得活跃起来，为沟通创建一个良好开端。

美国著名演说家罗伯特生平有许多朋友，其中，有些是文字之交，之前从未谋面。在罗伯特60岁生日那天，许多文友去为他庆生，其中，他们中的大部分文友都是第一次同罗伯特见面，难免有些拘谨。这时，有几个比较熟悉的文友见罗伯特头秃得厉害，就劝他不妨戴顶帽子。罗伯特随即说："你们不知道光头有多好，我是第一个知道下雨的人！"瞬间，整个生日宴会的气氛就变得轻松活跃起来。

正是罗伯特这句自我解嘲的幽默，让大家感受到他的平易近人，也使尴尬的气氛变得轻松活跃起来。仔细观察一下你身边那些交际达人，之所以招人喜欢，让人愿意与其交往，不仅因为有才华，更主要的原因就是其具备能够活跃气氛，给人留下深刻、美好的印象，让人愿意与之亲近并效力的幽默感。

美国作家马克·吐温是一个十分幽默的人。一天，他要去某个小城办事，临行前，他的一位朋友告诉他，那里的蚊子特别厉害，自己就曾在那里被咬得浑身是包，整个晚上被折腾得无法安然入睡。

马克·吐温来到一家旅馆投宿，他在看房时，发现那里的蚊子果真不少，而且一只超大的蚊子一直在他眼前盘旋。

"不好意思。"店员急忙驱赶蚊子。

"没关系"，马克·吐温耸耸肩，"不过，这里的蚊子看来很'好客'啊，它竟然预先来到我的房间来接待我，以便夜晚光顾，饱餐一顿。"

听了马克·吐温的话，店员们情不自禁地都笑了起来。

马克·吐温本来已经做好被蚊子袭击的准备，但出乎意料的是，那一夜他睡得十分香甜。原来，为了不让这位幽默可亲的大作家被"聪明的蚊子"叮咬，旅馆全体员工居然一夜未睡，一齐出动驱赶蚊子。

幽默，不仅使马克·吐温得到了陌生人的特别关照，还赢得了一群忠实的朋友。这就是幽默的巨大作用。就像美国一知名的幽默杂志的主编雷格威所说："原始人见面握手，是表示他们手上不带武器；现代人见面握手，是表示我欢迎你，并尊重你；而用幽默来代替握手,则是有力地表示我喜欢你,我们之间有着可以共享的乐趣,如此,陌生人成为朋友只需1分钟。"

其实,交友的难处就难在交友的方法上,一个人只要学会了幽默的沟通方法,让别人见识到自己的友善、机智和风趣,迅速消除双方心理上的距离感,那么接下来的交往就会变得水到渠成、顺理成章。

8. 幽默口才是培养出来的

几乎每一个人都喜欢和说话风趣的人在一起,说话风趣幽默可以创造一种良好的氛围,拉近人与人之间的距离,彰显出你迷人的个性。

面对生活中可能引起麻烦的事情,我们借助于幽默,共同欢笑一场,就能把这种烦恼放到适当的位置而不至于过分忧虑和不悦。以轻松的态度对待麻烦,共享欢乐会使烦恼同整个生活相比之下变得不那么重要。

约翰·洛克菲勒是世界有名的富翁,但是,他在日常开支方面却很节约。一天,他到纽约一家旅店投宿,要求租一间最廉价的房间。

旅店的经理说："你为什么选择这么廉价的小房间呢？你的儿子来住宿时，总是选择最贵的房间。"

"没错，"洛克菲勒说，"我儿子的父亲是百万富翁，我的父亲却不是。"

生活中，如果人们能经常以幽默的态度来对待各种事情，如在寒冷、炎热、潮湿或令人难熬的日子里，说上几句逗人开怀的笑话，肯定能重新振作大家的精神。

幽默的言辞往往是最佳的润滑剂，还能平息对方的怒气，让对方迅速转怒为喜。

英王乔治三世有一次到乡下打猎，中午感觉肚子有些饿，就到附近的一家小饭店要了两个鸡蛋充饥。吃完鸡蛋，店主拿来账单，乔治三世瞄了一下仆役接过来的账单，讥讽地说："两个鸡蛋要两英镑！鸡蛋在你们这里一定是非常稀有吧！"店主毕恭毕敬地回答："不，陛下，鸡蛋在这里并不稀有，国王才稀有。鸡蛋的价格必然要和您的身份相称才行。"乔治三世听完不由哈哈大笑，爽快地让仆役付账。店主幽默的言辞不仅没有激怒英王，反而获得不少的收入。

幽默感可能是与生俱来的，但也是可以通过后天的学习成为人见人爱的开心果的。

很多场合，气氛有些沉闷，人们互相戒备，这时候一句逗得大家开心一笑的诙谐话语，往往能打破彼此之间的隔膜，让人心情愉快地进行交际。掌握了幽默这个武器的人肯定是一个受欢迎的人。

一个诙谐幽默的人，一定有着丰富的知识和生活经历，他能感染周圈的人，能把尴尬的局面改善，能应对复杂的局面。幽默的人知识面广，有深厚的生活经验，不单调乏味，不简单地玩弄词汇。

生活中的幽默无处不在，只要你多观察生活，多注意生活，多借鉴他人好的经验，并善于总结自己的经验教训，就能升华你的幽默感。那么，幽默口才具体是怎样训练出来的呢？

（1）要有健康高尚的情操，豁达的心态

幽默口才属于生活中的强者，属于乐观向上的人。要想用自己智慧的火花去照亮别人，首先自己的心灵应该充满阳光。"君子坦荡荡，小人长戚戚"。一个满脑子小算盘、心胸狭窄的人何以讲出内涵深厚的幽默话呢。

心胸开阔的人能够用幽默口才化解遇到的尴尬场面，能够用可贵的宽容来消除别人加到自己身上的伤害。

（2）要有良好的文化素养

有了健康明朗的思想，并不一定具有幽默的口才。我们还要具备丰富的科学文化知识，因为幽默的口才需要丰富的学识支撑。很难想象一个孤陋寡闻的人能够成为一个幽默话高手。只有知识丰富、眼界开阔，对社会、人生有较深的认识与感悟，才有可能会闪现出思想的火花。"冬烘先生"只能成为被幽默的对象、幽默的材料，不大可能成为幽默口才的主人。

幽默者往往是眼观六路、耳听八方的人物。他们的谈吐中既会有一定的哲理，又蕴藏着丰富的信息。更重要的是，幽默口才需要渊博的知识，文化知识武装起来的头脑会给谈吐提供源源不断的新燃料、新武器。语言无味、面目可憎的人大多腹中空空。只有有了慧心，才有可能有秀口。头脑中储存下大量的知识学问，才有可能在需要的时候招之即来、派上用场。

（3）要目光敏锐、善于联想

幽默口才尤其需要创造性的思维能力，需要独到的见解，立体发散的思维品质。

（4）要善于自嘲

一般说来，人人都不愿意成为大家取笑的对象。知道了这一点，你就能明白为什么有的人很容易将别人逗乐了。每个人在潜意识里都有一种优越感，在幽默者适度的自嘲中，人们感受到的是自己心里那隐约的优越感。因此，不用担心自嘲会让人知道你的短处，引来鄙夷的目光。人们会为你的勇敢和风趣而折服，因为你不怕暴露自己，人们反而会在心中对你解除防范，把你当成自己的朋友。善于自嘲的人实际上是非常自信、非常明智的人。

（5）要懂得适可而止

虽然幽默口才倍受人欢迎，但幽默也要有度，要适可而止，千万不能兴之所至便随意信口开河。没有节制的幽默是非常危险的，它可能会伤害别人，也可能会损害你的形象、你的关系。比方说你的身边如果正好有残疾人在场的话，你就不要说有关身体健康的玩笑。如果对方是一个十分严肃、不习惯说笑话的人或是长辈、上级，那你就更得注意玩笑的分寸和内容了。如果仅仅为了求得口头上的一时快感，就信口开河、没大没小，那么只会让人对你产生愠怒和反感。一定不要在心里以"幽默口才大王"自居，处处显露自己的小聪明和嘴皮子，那样，只会让人家觉得你浅薄无聊——一点儿正经都没有。

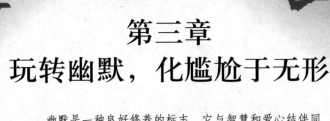

第三章
玩转幽默，化尴尬于无形

幽默是一种良好修养的标志，它与智慧和爱心结伴同行，每一个具有幽默感的人都有随和亲切的性情、宽广的心胸以及洞察一切的机智。

在现实的人际交往中，当矛盾发生时，那些缺少幽默感的人容易把事情弄得越来越僵，而懂得幽默的人却能使事情变得轻松而自然。

1. 用幽默为自己解围

从社交礼仪来看，幽默会使人产生不尽遐思的温馨，并留下较为深刻的印象。

斯库特去拜访一位女性朋友，女佣告诉："十分抱歉！小姐要我告诉你，她不在家。"斯库特说道："没关系，你就告诉她，我并没有来过！"

斯库特以善意的话语表达了自己的心情，并对女主人避而不见的做法表示理解与包容。当他的那位女性朋友听到这种幽默出彩的答话后，还能沉得住气吗？上面的故事展现出幽默在社交场中的非凡魅力。在生面孔多于熟面孔的宴会中，气氛往往会使人相当窘迫，但这也是我们练习幽默交际的最佳场所。你是否了解那些社交名人和自己有哪些方面的差异呢？与社交水平一般的人相比，他们不仅不怕与陌生人交流，也不仅因为他们脸皮够厚，他们之所以能在社交场中显得轻松自如，更重要的是他们大都掌握了多种关键的社交技巧，幽默就是其中很重要的技巧之一。

在社交场中与人交流要放得轻松一点。轻松的状态下自然能想到幽默的词句。像下面的幽默故事中的人物行为，相信您也有办法在社交场中演练一番！

某个盛大的自助餐式酒会上，主人事先预备了各式各样的美酒，客人们全都赞不绝口。某位被公认为酒仙的仁兄，在宴会一开始就在朋友之间来回地寒暄道："哦！对不起，在下先行告退了！"

　　当他一路来到女主人面前时，女主人知道此仁兄是酒道高手，不禁诧异地问道："怎么，您要回家了呀？是不是有什么地方招待不周呢？""哦！不，不，我如果一开始喝的话，一定会分不出东南西北的，所以我想先行告退……"

　　如果你也喜欢喝酒的话，你就会很容易看到这位仁兄的聪明幽默之处了。面对那么多的美酒，他当然是不愿意错过的，可是他又怕自己喝醉了以后会出丑，所以他就在喝酒之前为喝酒之后可能出现的情况做好铺垫，然后他就可以尽兴地享受美酒了，因为他明白主人当然不会因为他有可能喝醉而答应让他回去的。

　　幽默有助于社交活动。但社交中或许有不少的大牌人物在，这时候的幽默就要注意避免失格。

2. 用幽默避免尴尬

　　在生活中，每个人都难免遇到令人尴尬的人，办出使自己尴尬的事情，而因此陷入一种狼狈的境地。这时略施幽默来进行气氛调节，便能抹掉困窘，扭转尴尬局面。

在一个女孩的订婚宴会上，她很想给未婚夫的亲戚们留下好印象。她微笑着走进宴会厅，不料绊倒了一座落地灯，灯撞翻了小桌子，她正好跟跄跌在小桌子上，跌了个四脚朝天。她立刻跳起来，站直了说："瞧！我也能够玩多米诺骨牌把戏！"

她幽默的做法一下子就把尴尬的场面扭转了，而且她还给人留下了聪明、大方、对自己充满信心的好印象。仅这一件小事，人们就已充分了解了她的智慧和能力。

有幽默感的人往往思路敏捷、反应迅速，在复杂的环境中从容不迫、妙语连珠，常常能够凭借幽默的力量化险为夷。

正如某位哲人所说：当我们的社会通过一种幽默的能力而被深刻地认识，当每一位公民业已被幽默所征服，我们也就置身在一种和睦的气氛中了。用幽默的力量来释放你自己，使你的精神超脱尘世的种种烦恼。用幽默来增加你的活力，使生活多一点情趣。

美国铁路专家曹顿到英国去做大东铁路的总经理，到任时他面对的是职员们秋霜般的敌意。原来职员们在观念上认为，没有一个美国人能胜任大东铁路的总经理。因而曹顿的到来引起了公愤。然而，曹顿并不着急，他到任后就发表了一次讲话，他轻松幽默地说："我到英国来担任这个职务，并不是为了什么荣誉，我所需要的，只是想有一个户外竞技罢了……"一番调侃，竟说服了数万名铁路员工，平复了他们的不满。

幽默的力量能使你令人难忘，同时给人以友爱与宽容，幽默可使自身乐观、豁达，不仅仅如此，幽默还能润滑现实中人与人的关系，超越用其他方法无法超越的限制。

公共汽车上，一位女乘客不停地打扰司机，汽车每行一小段，她就提醒司机一次她要在哪儿下车。司机一直很有耐心地听，直到她后来大叫道："我怎么知道我要下车的地方到了没有？"司机说："你什么时候看我脸上有了笑容，就是到了你要下车的地方了。"

由于女乘客的干扰，公共汽车司机无法集中精力开车，与此同时，司机对这位女乘客又不能直言冒犯，他巧妙采用委婉、幽默的表达方式表达了他的意思，也使自己摆脱了两难的尴尬境地。

罗伯特·斯蒂文森（RobertStevenson）曾经说过："一般掌握幽默力量的人，都有一种超群拔众的人格，能自在地感受到自己的力量，独自应付任何困苦的窘境。"面对生活中令人尴尬的事情，我们不妨用幽默去应对和化解它。

寒暄是人们日常交流中的一个重要方面。因为经常见面的熟人，不可能总有很多话要谈，也没有多余的时间一见面就站在路边没完没了地聊；而一旦碰见了熟人，如果因为嫌麻烦而不打招呼也过于不近人情，更无法缓冲熟人相遇时下意识产生的各种情绪。

但是一般的寒暄常常使人觉得表达不了这时的心情。为增添生活乐趣，维护良好的人际关系，可以在寒暄的时候打破常规、注入幽默元素。下面是一个典型的有关寒暄的幽默故事：

连续下了几天的大雨，某公司同事们聚在一起聊了起来，一个人说："这天怎么老是下雨呀？"一位老实的同事按常规作答："是呀，已经6天了。"一位喜欢加班的同事说："嘿，龙王爷也想多捞点奖金，竟然连日加班。"另一位关注市政的同事说："房管所忘了修房，所以老是漏水。"还有一位喜爱文学的同事更加幽默："嘘！小声点，千万别打扰了玉皇大帝读长篇悲剧。"

3. 用自嘲制造幽默

俗话说：家丑不可外扬。可是在幽默的领域里，"笑话自己"是一个得到了普遍认同的观点。瓦尔特·雷利（WalterRaleigh）说："不论你想笑别人的哪一点，先笑你自己。"试想当一个人说笑话、讲小故事，或者造一句妙语、一则趣谈时，取笑的主角是自己，其他人谁会不高兴呢。所以说，想要制造幽默，最安全的目标就是自己。

美国幽默作家罗伯特就主张以自己为幽默对象，或者拿自己说笑话。运用这种方法，在生活中的各种场合，我们都可以发现笑料，引出笑声，为人们解除愁闷和紧张。长此以往，你就能获得一种幽默智慧，能够承受各种打击，更有信心去努力改变现状，也能增加自己的亲和力。

有一位职员，上班时间趴在桌上睡着了，他的鼾声引起了同事们的哄堂大笑。他被笑声惊醒后，发现同事们都在笑他，有人道："你的'呼噜'打得太有水平了！"他一时颇不好意思，不过他立即接过话茬说："我这可是祖传秘方，高水平还没发挥出来呢。"

在大家一片哄笑中，这位职员为自己解了围。在幽默的领域里笑自己是一条不成文的法则，你幽默的目标必须时刻对准你自己。你可以笑自己的观念、遭遇、缺点乃至失误，也可以笑自己狼狈的处境。每一个迈进政界的人都得有随时"挨打"的心理准备，如果缺乏笑自己的能力，那么最好还是去干其他的事情。

一位丈夫要到广东出差半年，妻子半开玩笑地对他说："你到了那个花花世界，说不定会看上别的女人呢！"

丈夫笑了，幽默地说："你瞧瞧我这副尊容，猪腰子脸、罗圈腿、小眼睛、大鼻子、扇风耳，走到人家面前，怕是人家看都不看一眼呢。"

说得妻子扑哧一笑。

丈夫轻松随意的自嘲，隐含让妻子放心的意思。这比一本正经地发誓，更富有诗意和情趣。

　　威廉对公司董事长颇为反感，他在一次公司职员聚会上突然问董事长："先生，你刚才那么得意，是不是因为当了公司董事长？"

　　这位董事长立刻回答说："是的，我得意是因为我当了董事长，这样就可以实现从前的梦想，亲一亲董事长夫人的芳容。"

　　董事长敏捷地接过威廉取笑自己的话题，让它对准自己，结果是他获得了赞许的笑声，连发难的人也忍不住笑了。

　　幽默一直被人们认为只有聪明人才能驾驭的艺术，而自嘲又被认为是幽默的最高境界。由此可见，能自嘲的人必然是智者中的智者，高手中的高手。自嘲就是要拿自身的失误、不足甚至生理缺陷来"开涮"，对丑处不予遮掩，反而把它放大、夸张、剖析，然后巧妙地引申发挥、自圆其说，博得一笑。一个人如果没有豁达、乐观、超脱、调侃自己的心态和胸怀，又怎能收获他人的敬佩；自以为是、斤斤计较、尖酸刻薄的人更是难以服从和被认可。自嘲不伤害任何人，因而最为安全。

4. 幽默地拒绝别人

　　每个人都有爱与被爱的权利，如果对方请人转告或是暗示，希望与你建立恋爱关系，而你的心里对对方并不满意，那当然就要拒绝对方。

但是，拒绝对方的语言要恰当，既要委婉幽默，把自己的意思表达清楚，让对方没有心存幻想的余地，又不能太不近人情。

尤其是对身边的同事或同学，拒绝对方的求爱更应该注意方式。如果你当时不加考虑，生硬地说"不"，或许若干年以后，你会后悔当初拒绝的除了爱情还有你并不应该拒绝的友情。

有位漂亮的姑娘突然接到一封情书，打开一看，是单位里表现很一般的小杨写的。

"癞蛤蟆想吃天鹅肉"，一气之下她把情书贴到了单位饭堂。结果小杨被羞得无地自容，原来追求她的人也都被吓跑了。

三年后，小杨终于找到称心的伴侣，而漂亮姑娘还是孤零零一个人。

所以，假如求爱者与你条件相差较远，更要注意拒绝对方态度要委婉，不然对人对己都不利。

为防患于未然，如果你不喜欢对方，那么对于对方抱着想与你谈情说爱想法的约会，最好也婉言谢绝，让对方明白你的心思，放弃对你的追求。但要注意方式方法，不可伤害对方的自尊心。

某医院的护士小张长得漂亮又机灵，大家都很喜欢她。

这天下班，办公室年轻的郑医师对她说："小张，下班一起吃饭好吗？我有一件很重要的事想跟你说。"小张立刻就明白了"重要"的含义。于是她笑着说："好哇！我也正好有事情要你帮忙呢。"

郑医师一听高兴极了，放松了心情说："行，只要是帮你的忙，我一定两肋插刀。"

小张又笑了："可没那么严重。只不过是男朋友脸上生了几颗青春痘，我想问你怎么治疗效果比较好？"

运用这样幽默含蓄地表明心意，通常情况下都很有效。如同我们前面小节中讲到的，有些人也会采用幽默的语言来求爱。这时候，被追求的一方如果要拒绝对方的求爱，更应该幽默以对，这样既可以达到自己的目的，也不至于伤了求爱者的自尊。

一位年轻的厨师给他喜欢的姑娘写了一封情书。他这样写道："亲爱的，无论是择菜时，还是炒菜时，我都会想到你，你就像盐一样不可缺少。我看见鸡蛋就想起你的眼睛，看见西红柿就想起你柔软的脸颊，看见大葱就想起你的纤纤玉指，看见香菜就想起你苗条的身材。你犹如我的围裙，我始终离不开你，嫁给我吧，我会把你当作熊掌一样去珍视。"

不久，姑娘给他回了一封信，她是这样回复的："我也想过你那像鹅掌的眉毛，像西红柿的眼睛，像大蒜头一样的鼻子，像土豆似的嘴巴，还想起过你那像冬瓜的身材。顺便说一下，我不打算要个像熊掌的丈夫，因为，我和你就像水和油一样不能彼此融合，你能明白我的意思吗？"

拒绝别人是一种艺术，幽默地拒绝别人，既不会让人难堪，也可以达到自己所要表达的意思。这就是幽默的力量。

5. 幽默地给别人提意见

在工作中，有时为了工作顺利开展，为了协调好各种关系，我们需要向同事或者领导提意见。如果态度和方式过于强硬，会引起同事、领导的不满，更影响其职场的人际关系甚至未来的前途。这时，应运用幽默的技巧提意见，让他人愉快地接受。

同事协作的过程中，免不了各自有不同的看法，这时最好以商量的口吻提出自己的意见和建议，语言得体是非常有必要的。最好尽量不要使用"你从来也不思考……""你总是弄不好……""你一点也不懂"这类绝对否定对方的措辞。语言中要添加一些幽默元素，拉近彼此的心理距离，才会在和谐的气氛中收到事半功倍的效果。

一名女员工星期一上班又迟到了。负责考勤的男员工问她："女士，你星期天晚上有没有时间？"

女员工回答："当然有，先生！"

男员工笑着提醒道："那就请您早点休息，以免您每个星期一早上上班迟到！"

女员工羞愧地点点头。从那以后，她再也没有迟到。

男员工对女同事的提醒是善意的，又以幽默委婉的方式表达出来，女员工自然会乐于接受。在向同事表达出自己的想法和要求时，首先我们应该以尊重对方为前提，以真诚、坦白的态度，让同事感受到我们的真心，而不是故意在挑他的毛病。

正所谓"人无完人"，每个人的身上或多或少会存在一些毛病，因此，对待同事，我们不能苛求完美。如果你在同事身上看到有阳光的一面，那在他身上必然会有阴暗的一面。相反，如果你不幸地看到了同事身上的阴暗面，那也并不代表他们没有阳光的一面。所以，对待同事要宽容一些，要学会接受期待与现实之间的落差。

某公司有一位爱喝酒的员工，经常会因喝酒太多而耽误工作。在公司的一次问卷调查中，他的同事在写评价时这样写道："他这个人很诚实，忠于职守，而且通常情况下是'清醒'的。"

这位同事以幽默的语言指出了爱喝酒的那位同事的缺点，既不会伤害他们之间的感情，也会令对方深刻反思改正。其实，身在在职场，只要善于运用幽默，体谅和宽容同事，就能与同事更好地相处，工作也会轻松得多。而且，还会使别人喜欢接近你，从而使你在以后的竞争中得到更多的支持。

然而，很多人不懂得幽默的艺术，经常会因为一些小问题与同事争执不下，最终不欢而散，甚至双方心生芥蒂。为了避免不愉快的事情发生，我们可以运用幽默的方式委婉地表达意见。

幽默的语言可以使人在笑声中反思。出现分歧时，真诚、坦白地说明自己的想法和要求，善于聆听，从中发现合理的部分，并及时给予肯定或表明自己的想法。

在职场中，我们可能会遭遇一些不公平的待遇，需要领导主持公道。可是，很多职员都不敢向领导提意见。但如果善用幽默语言，那么，会很容易让领导接受意见。

一天清晨，一位将军去视察士兵的时候，顺便询问了一下士兵们的早餐状况。大多数士兵都含糊其词地对将军说"还行""不错"，只有一位士兵一脸满足地说："一杯牛奶、一个鸡蛋、一个三明治、一盘水果、一碗麦片粥、两个夹肉卷饼，长官。"

将军听了之后，非常疑惑地对这位士兵说："这都快赶上国王的早餐了！"这位士兵毕恭毕敬地继续说："长官，很遗憾，这是我在外面餐馆吃的。"

视察结束后，将军即刻下令改善了士兵的伙食待遇。

这位士兵巧用幽默表达了对军中伙食的不满，不仅让长官一下子就弄清楚士兵们想要的伙食标准，而且还让长官更容易接受士兵们的想法。可见，善用幽默，会产生很神奇的效果。

其实，每个人都有出现失误和过错的时候，对别人无意间犯下的过错用幽默的方式委婉提醒并谅解，就能换来友善和谐的氛围。或许你的宽容可能让你一时感到委屈，但是，它能体现你崇高的修养和豁达的胸怀。

6. 用幽默博得他人的同情

在双方交谈刚开始，尚未开宗明义之前，来一个巧妙的娱乐幽默，使对方的心情处于轻松愉悦之中，形成情绪上的"晕轮"，就像刘姥姥一进大观园那样，首先给对方以轻松感，然后再侧面谈及自己的难处，把被求方的骄傲情绪和同情心调动起来，他们自然乐于施舍。利用自我解嘲和幽默，可生动地暗示自己的处境，唤起被求方的同情。

> 有一个人向他的朋友抱怨："我愈来愈老了。"
>
> 当然，朋友告诉他，他看起来仍和从前一样年轻。
>
> "不，我不年轻了。"他坚持说，"过去总有人问我：'为什么你还不结婚？'而现在他们问：'你当年怎么会不结婚的呢？'"

朋友在被他的幽默逗笑的同时，也不免会为他年华逝去，却还没有成家而同情他。要获得他人的同情，我们首先要脱掉虚伪的外衣，真诚地表露自己。而幽默的谈吐能帮助我们移去障碍与隔阂。有时候，在大庭广众之下，我们会犯一些小错误、闹一些小笑话，这时候，就可以用幽默的语言帮助我们表达真诚，传达诉求。

雷莉·布丝是美国20世纪50年代的著名女演员。在一次重大的颁奖活动中，她急步登台，没想到在台阶上绊了一下，险些跌倒在地，全场观众都为她捏了把汗，有些人甚至笑了起来。只见她不慌不忙地稳住了身体，站在舞台中央，平静地说：

"女士们，先生们，你们刚才看到了，我是经历了什么样的坎坷才站到今天这个台上的。"

全场观众顿时掌声如潮。

这就是令人赞叹的机智和幽默。这位女演员所要讲的内容，可能事先排练过数十遍，轻车熟路，而最后的这句台词却是从来没有想过的，这就是临场发挥幽默的困难之处，也是它的精彩迷人之处。

幽默地面对生活，借着快乐的分享，你就可以把琐细的问题摆在适当的位置，这有助于你轻松地获得他人的同情，也能使你重振精神。

有时候，我们难免会善意地撒谎或者欺骗他人。而当我们偶尔犯了错受到谴责的时候，我们总是希望得到他人谅解。我们相信，绝大多数人是诚实的、善良的，因而我们采取幽默的方式争取他人的谅解。

一个妇人打电话给电工："喂，昨天请你来修门铃，为什么到今天还没有来？"电工答道："我昨天去了两次，每次按门铃都没有人出来开门，我只好走了。"人们听后肯定会轻松地一笑，其意绝不在讽刺电工的服务态度，电工的愚笨反而使我们觉得他可爱，反而谅解了他的工作失误。

有时候，做错了事情又被别人撞见，往往局面尴尬，面对这种无奈，我们可以采取幽默的方式来争取他人的原谅，用幽默营造一种"山重水复疑无路，柳暗花明又一村"的境界。

心理学中有一条规律：我们对别人表现出来什么样的态度和行为，对方往往会作出同样方式的反应和回答。西方有句谚语说得好："把对方想象成天使，就不会遇到魔鬼。"当我们因做错事情而损害了他人的利益时，更应该以知错求改的诚恳态度来和对方交流，以争取对方的谅解。

7.　用幽默消除紧张的情绪

听众是很不好应付的，因为每一位听众的诉求都不同，每一种演讲情况也都不同。无法控制的情况可能造成听众纠缠，甚至是敌视的态度。为了改变这种局面，演讲者必须以和善、礼貌、愉快的姿态去面对发生的任何情况。切记，幽默能帮助我们消除听众的紧张情绪。

贝特为了使每一位听众都成为好听众，如果中途有人打断，贝特总是利用当时的情况来说句解围话。

比如说他会问打断的人："先生，请问您贵姓？"如果他回答的是一个罕有的姓氏，贝特再问："那是您的真实姓名，还是您的网名？"

打断讲话的人，转移话题，反而得到了演讲者的重视，满足了听众需要被重视的心理，也就自然打消了听众对演讲的不满。如果你在演讲中的某一句话或者某一个观点引起了听众的不满情绪，你就要想办法用轻松幽默的语言来消除这种不满，否则，这会给你的演讲带来致命的打击。例如：

一位演讲者在演讲时说："男人，像大拇指"，他高高竖起大拇指，"女人，像小拇指"，他又伸出小拇指。

这一比喻，令全场哗然，女听众强烈反对。

演讲者立刻补充道："女士们，你们的大拇指粗壮有力，而小拇指却纤细苗条、灵巧可爱。不知诸位女士之中，哪一位愿意倒过来？"

一句话令听众相视而笑，演讲在欢快的气氛中往下进行。

在演讲中驾驭听众的情绪，不仅仅指在听众已经产生负面情绪时去被动地化解，还体现在演讲者要细心体察、感受听众情绪的变化情况，未雨绸缪，在听众产生负面情绪之前就主动利用幽默进行化解，用幽默的力量制造一种较为轻松的氛围，使听众置身其中，以舒缓他们的情绪。

小汤姆数学、语文两门考试考得比较差。回到家中他对爸爸说："爸爸，是不是当人家心里难受的时候，不应该再给他精神或肉体上的刺激？"

爸爸回答："那当然。"

小汤姆趁机说："那就好，这次考试，我有两门功课不及格，我现在心里很难受。"

爸爸只好干瞪眼。

小汤姆用自己的聪明和幽默，避免了爸爸产生的愤怒情绪殃及他。要用幽默很好地驾驭听众的情绪，就要在密切注意他们情绪变化的基础上，果断采取措施加以应对。

艾森豪威尔在任哥伦比亚大学校长时，便遇上了这种窘境。轮到他最后演讲时，时间已经不早了。这时，艾森豪威尔决定投听众所好，放弃原来的演讲计划，早早收场。他站起来对听众慢慢地说："每篇演说不论其形式如何，都应该有标点符号。今天，我就是这个句号。"说完，他出人意料地坐了下来。当听众明白过来是怎么一回事时，大厅里响起了雷鸣般的掌声。

这次演说的成功，就在于艾森豪威尔看到听众在接受了很长时间的演讲灌输后，情绪变得急躁起来，于是，他果断地、出乎听众意料地结束了演讲，而这种出乎意料恰恰产生了一种幽默效果。艾森豪威尔当时也感到十分得意。他后来对人说，这是他最著名的演说之一。

当演讲是为了募集一项医疗基金，或者为医院的扩充和设备更新而募捐，那么演讲者就很可能谈到大家忌讳的死亡或疾病等沉重的话题。这时候，演讲者就不能直接运用幽默来插科打诨，而应以一些趣闻逸事来缓和听众的紧张情绪。

8. 幽默可以减少社交中的摩擦

幽默是思想、才学和灵感的结晶，它能使语言闪耀出绚丽的光芒。列宁说过："幽默是一种优美健康的品质。"因此，幽默也被认为是只有聪明人才能驾驭的艺术。日常生活中，人们都喜欢与开朗、机智、风趣的人交往，因为善用幽默可以减少社交中发生的摩擦。

有个男职员，他所在的公司被另一家大公司兼并，巨大的人事变动使他感到很不如意，新同事对他也没有好感，周围的关系很不协调。有一天，他故作悲哀地说："我看大家都愿意我被辞退，因为不管什么事情我都是落在最后。"没想到这句话收到了意想不到的效果。他的自嘲获得了一次和新同事们大笑的机会，这样，即使他真有拖拉和办事效率低的毛病，但同事们看到他具备诚恳地自我评价的态度，对他便慢慢产生了信任和亲近感。

某大公司里的一位部门经理，他每天总想的问题是：部门内的人是否真正喜欢我？一次，他从外面走进办公室，发现手下的职员们正聚在一起唱歌，可是一见到他，就立刻匆匆忙忙奔向各自的办公桌。他没有大发脾气，也没有表现出任何的不满意，只是说了一句："看来你们唱歌的水平真是高呀。"这句话却产生了很好的效果。原来，这个经理过去总是板着面孔训人，总是批评别人偷懒、工作时间娱乐。这次他说了句玩笑话，使职员们了解到他原来也有不为人知的幽默的一面。同时他也了解到，只要自己能和众人一起欢笑，只要自己能把大家所需要的东西奉献出来，那么也一定能得到自己所需的东西，就能与大家建立良好的工作关系。

人们在工作上往往会遇到很多障碍，其中有一种障碍就是心理上对新的工作岗位感到难以适应。究其原因，很大程度上来自对人际关系的忧虑。但挑战困难实际上也是一种适应岗位的机会。要知道，获得成功是要付出代价的，其中一种代价就是把自己的能力和专长放在一边，在与他人的交往上多下功夫。也许你是世界上最好的教师、职员、工人，但是让你当任校长、经理或主任一职的时候，你可能就会感到不能胜任，从而陷入困境。因为处理众多的人事问题要比发挥个人的才能困难得多。

例如，你不仅自己要有献身精神，还要帮助大家解决困难，取得部下的信任和拥护，否则你就会一事无成，所有这些挑战，你应该看作是一种机会，一种动力。而幽默可以帮助你接受挑战，在实践中获得成功；能使你轻松对待挫折和失败，走向成功。

现在，人们对幽默的评价越来越高，就连工商界的企业家们，也知道利用幽默的力量来改变他们的原有形象，改善公众对他们的企业的看法。据说，美国300多家大公司的领导参加过一次有关幽默的调查。调查结果表明，90%以上的领导者认为幽默在工商企业中具有很大的意义。60%以上的领导者认为幽默感在一定程度上能决定事业能否成功。例如，克雷福特公司的总裁认为对于主管领导来说，幽默感是十分重要的，"它能表示领导者们具有活泼的、极富柔情的性格。这样的人不会把自己看得太重，也不会把别人看得太轻，能够做出比较合理、正确的决策。"还有一家公司总裁从创造和谐愉快的人际关系的角度来看待幽默："应当承认，幽默是处理人事的基本原则之一，如果你能做出使自己和别人都感到快乐的事情，那么你就可能是一位好领导，或是一位好部下。"

人与人之间的隔膜，人与人之间性格的差异，竟是如此之微妙！多使用幽默的语言能消除人与人之间由于误解而爆发的指责和争执，促进建立友好善意的人事关系。幽默的作用是十分明显的，它主要表现在以下几个方面：

（1）语言的润滑剂。风趣幽默的语言，可以拉近朋友间，尤其是与新结识的朋友之间的距离，促使双方很快熟悉起来。

（2）缓和矛盾，避免尴尬。

（3）开展批评的手段。使用幽默的语言，使对方无法产生抵触情绪，以期达到批评的目的。

（4）缓和尴尬的气氛。在公共场所，你不可避免地会碰到尴尬的处境，这时候，用自嘲解围，便能缓和气氛，使自己走出困境。

当然，使用幽默语言不仅要才思敏捷、能言善辩，对生活具有深刻的体验和对事物有较强的观察力，以及一定的文化素质和语言表达能力，而且要反应迅速，能够随机应变。

美国一位心理学家说过："幽默是一种最有趣、最有感染力、最具有普遍意义的传递艺术。"此言甚是。只要我们注意观察、善于总结、不断提高自己，一定会成为一个富有幽默感的人，赢得朋友的信赖。

9. 用幽默帮你摆脱困境

工作是我们赖以生存和发展的手段。工作中，我们有成功的欢乐，也有失败的酸楚；有晋职的喜悦，也有加薪的愉快。但有时也难免因人际关系的不协调，左右为难。如果善于运用幽默，我们的工作肯定会一帆风顺。

工作中，无论是在人事变动中被派到分公司，或被委任较低职位的工作，都无须气馁、颓丧，因为世事变化无常，到了新岗位，也是我们培养实力的大好机会。

某公司的职员被外调至分公司服务。决定人事变动的经理以安慰的口吻对这个职员说：

"喂！你也用不着太气馁，不久以后，我们还是会把你调回总公司来的！"

那位被调的职员以第三者旁观的口气，毫不在乎地说道：

"哪里？我才不会气馁呢！我只不过觉得现在有一种董事长退休时的心情而已。"

这才是一个能做精神上的深呼吸的人，面对外调，他不气馁，他懂得靠幽默来调节自己，使自己以良好的心态投入到新的工作中去。面对工作中的困难，我们除了要调节好自己的心态外，还能通过运用幽默与他人分享欢乐、寻找与他人共同的目标，来帮助我们在工作中取得他人的支持，从而摆脱工作困境。

不论你从事的是什么职业，不论你在工作中是个生手或熟手、老板或属下，幽默都能助推你与他人的沟通和交往，帮助你解决工作中的问题，让你顺利渡过困难的处境。

当然，在工作中，面对自己的成就不能骄傲自夸，自夸会拉开你和别人的距离，使自己站在所有人的对立面，你这时候不妨运用幽默，调侃一下自己的光荣和优点，拉近与他人的距离。

我们认为"谦虚是美德"，并不是说凡事都要过于谦让，不与人争。工作中在靠着自己的才能取得好成绩时，我们一方面要强调那只是"幸运"或"大家的帮忙"，另一方面也要用委婉的方式表明自己的努力也是取得成功的关键。必要时，不妨幽默地吹嘘一番。

一位外语能力很强，兼通各国语言的人，他可以很幽默地自夸说："我可以用英语、法语、德语、西班牙语来保持沉默，可是一旦有话要说，我只说英语。"

乍听之下，好像他说的仅仅是很谦逊的话，事实上他幽默的话语中却充满着自信的自我宣传。有时候，对于工作成绩非常突出的人来说，幽默的自我夸耀是大可不必的，因为，他所做的一切都早已看在别人的眼里，记在别人的心里了，这时候，以幽默的方式通过批评自己工作中的小失误来表现自己的谦虚，更能赢得员工、同事、上级的好感。

亨利在26岁时，担任了福特汽车公司的总裁，以前公司亏损严重，他上台后，大胆变革，扭亏为盈，虽然工作中也有许多小失误，但最终还是取得了很大成绩。

有人问他，如果从头做起的话，会是什么样子。他回答说："我看不会有什么非同寻常的作为，人都是在错误和失败中学到成功的，因此，我要从头来过的话，我可能犯一些不同的错误。"

亨利回避问话者的语言重点，故意避开自己的成绩不谈，反而拿自己在工作中的失误做谈论的话题，给人谦虚和平易近人的感觉。

最后，还要注意，面对工作成就，你以幽默的方式表达出来的谦虚应该是一种发自内心的真诚的表达。

10. 拒绝上司，语言要够幽默

在职场上，有这样一群人，为了取悦上司，他们从来不会拒绝上司分派的任务，只要上司下达了命令，无论是分内的还是分外的，该做的不该做的，他们都会全部承担下来，最终把自己弄得身心俱疲，结果未必会得到上司的赏识，甚至还会因为做得不够妥善、完美而遭到上司的批评指责。

其实，对于上司提出的不合理要求，我们一定要学会拒绝。为了避免直接拒绝带来的负面影响，我们可以往语言里加一点幽默的成分，这样，不仅能维护上司的面子，还可以给自己解围，可谓是"一举两得"。

拒绝的话确实很难说，一旦说得不好就会得罪人，所以，在拒绝别人的时候，最重要的一点就是含蓄委婉。如果拒绝时直接把"不"字说出口，就会显得不委婉、不含蓄，会让对方难以接受。如果你先用幽默的语言避开主题，然后再委婉点破，就可以让上司会心一笑，并理解你的处境。

例如，如果上司经常要求你加班，多得令你感到厌烦时，你不妨学习一下下面这位员工的幽默技巧。

最近经常让下属加班的经理问员工："很抱歉，这段时间一直让你加班，你爱人没有对你抱怨什么吧？"

员工答道："也没什么，不过今天早上我出门时，我太太跟我这样说了一句话，让我很忧虑。"

经理问："她说了什么呢？"

员工说："她说：'亲爱的，你今晚还会加班吗？'"

经理问："那你如何回答她呢？"

员工回答："我说：'嗯！可能吧！'"

经理问："那她怎么说的呢？"

员工回答："她说：'那你一定要真的加班哦！最好别太早回来哦！'"

紧接着，员工又故作困惑地说："老板，你说我要是再加班下去的话，我太太是不是就要往外发展了？"

员工这么一说，相信即使再刻薄冷血的上司也不会回答："你就让她去往外发展好了。"

以幽默的话语轻松地避开主题，巧妙地抓住上司的心理，使他自然而然地产生一种同理心，进而达到自己的目的，这就是幽默的力量。这种方法任何人都可能办得成，而且成功的概率非常高。

因此，工作中，面对上司的一些无理要求或自己确实无法办到的事情，我们在拒绝的时候最好把话说得幽默点。下面，就向你介绍几种常用的幽默的拒绝方式。

（1）含蓄指明其不合理性

面对别人的要求，你可以含蓄地指明其不合理性，让对方明白自己的行为存在不妥之处。比如，汉森的朋友在他生日之际集资了2万美元，想为他立一个纪念碑，汉森并没有正面回答，而是说："你不必如此大费周折，把这笔钱给我吧，我自己站在那里就好了。"含蓄地指明朋友这样的做法过于奢侈。

（2）假装糊涂

面对别人不合理的要求，你可以假装糊涂，用幽默的话语搪塞过去，让对方明白自己的坚定立场。例如：

> 有一个马场老板，带着新来不久的女员工骑马巡视马场。走着走着，眼前出现两匹马，一公一母，它们竟然交颈亲热起来。马场老板满脸向往地对女员工说："你看，那正是我想做的。"女员工没有生气，而是咯咯一笑，爽朗地说："尽管去做吧，反正它们都是属于你的。"面对马场老板的暧昧暗示，这位女员工故意装糊涂、开玩笑，让老板吃了个大软钉。

这种反击式的幽默，对于应付职场骚扰非常管用，紧抓住对方言辞、肢体的小辫子予以反击，比迎头给他泼一盆冷水更有效。

（3）故意胡搅蛮缠

面对别人不合理的要求，你可以故意胡搅蛮缠。比如，面对上司相约周末一起去钓鱼，"妻管严"丈夫可以回答："其实我也是个钓鱼迷，很想去一展身手的，可结婚以后，周末就被一个女人没收了。"相信上司听后，一定会哈哈大笑，也就不再勉强你了。

（4）巧用假设法

面对别人不合理的要求，你还可以用假设的方法，虚拟出一个可能出现的结果，而这个结果恰好就能成为你拒绝的理由。例如，萧伯纳的女友向他求爱："如果我们结合，有一个孩子，他有着和你一样的脑袋，和我一样的身姿，那该多美妙啊！"萧伯纳回答："依我看那个孩子的命运不一定会那么好，假如他有我这样的身体，你那样的脑袋，岂不是糟糕了吗？"

在职场中，在拒绝上司时，不要急切、直接地表明自己拒绝的态度，而要善于使用幽默的语言，巧妙地拒绝上司，既不直接驳了上司的情面，又能够让上司理解自己的处境而欣然接受。

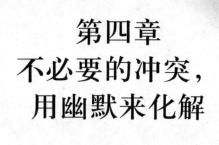

第四章
不必要的冲突，
用幽默来化解

　　幽默是上天赐予人类的伟大礼物，一个人缺乏幽默就像春天没了花朵、一道菜缺少作料。幽默不仅能够用自身的机智和风趣给人们带来欢乐，而且有助于消除他人的敌意，缓解摩擦，防止矛盾升级，达到讽刺、暗示、拒绝、安慰等各种目的。拥有幽默的口才，便拥有了一笔无价的财富，使你终身受益。

第四章
不必要的冲突
用幽默来化解

1. 用幽默联络情感

很多有幽默感的老年人很喜欢晚辈和他们开一些善意的玩笑。所以，当你刚出门就遇见长辈邻居时，你可以幽默地和他们寒暄一番，这样很容易就能和他们搞好关系，一般情况下，他们还会逢人就夸你会说话。

一个大热天，小王赶早趁气温还凉爽的时候去公司上班。她刚出家门，就看见邻居刘大妈大清早在树荫下练腰腿。她走过去神秘地对刘大妈说："大妈，这么早练功，不穿棉袄，小心着凉啊。"一下子逗得刘大妈哈哈大笑，笑着骂道："你这个鬼丫头！再不走你上班可要迟到了，现在都9点多了。"小王一听赶紧看看表，才8点半。看到刘大妈在那里得意地笑才知道自己上当了。以后，每逢刘大妈见到小王都非常主动地和小王打招呼，逢人就夸小王聪明伶俐，还张罗着给她介绍对象呢。

很多时候，新近发生的大事件会成为人们寒暄中的话题。因为，大事件是大家都关注的，人们可以从中找到共同的语言，可以避免在寒暄中话不投机而导致尴尬。下面就是一个利用大事件在寒暄中制造幽默话题的例子。

前些年因为厄尔尼诺现象的影响，气候反常，快到夏天的时候人们还穿着毛衣。很多熟人见面后的第一句话就是：

"气候太反常了，都过了农历四月了，天还这么冷。"可是，有一个幽默的汽车司机就不那么说，他见到同事李师傅的时候说："李师傅，这不又快立秋了，毛衣又穿上了。"他见到邻居张大爷的时候也会故意幽默地问："张大爷，您老也没有经历过这么长的冬天吧，到这时候了还这么冷！"恰好张大爷也是一个幽默人，他笑着答道："是啊，大概老天爷最近心情不太好，老是板着一副冷面孔。"

每个时期都会发生一些吸引公众注意、为公众关心的事件，人们就可以利用这些事件在寒暄中制造幽默的话题。

现在人们的生活水平提高了，人们都喜欢以"夸别人富有"作为寒暄中的话题，尤其在农村，这种看似俗气的寒暄却总是受人欢迎。其实，在寒暄中逗乐似的夸别人富有，也会收到很好的幽默效果。

李大娘午饭后恰好遇到大刚，大刚如往常一样寒暄道："大娘，您吃过午饭了吧？"李大娘既然被称为大娘，自然年纪不小了，可是她整天乐呵呵的，好像比大刚还有活力，她回答说："嗬，还没吃呢。你中午吃什么好东西，也不请大娘我来吃？瞧，现在还满嘴都是油呢！"

李大娘幽默地夸赞大刚的生活过得好，她对大刚的假责怪显得亲热、愉快，很自然地就拉近了与大刚的关系，也成功塑造了自己平易近人、和蔼可亲的长辈形象。

总之，不要小看寒暄幽默，它能使你在不知不觉中将欢笑带给别人，拉近自己与他人的心理距离。

2.　用幽默化解矛盾

有时候，人与人之间难免会发生正面的碰撞和冲突。这样的冲突大致可分为两种：无意的冲突和蓄意的挑衅。对这两种不同的情况，我们应该进行有区别的对待。在大多数情况下，冲突是无意中引起的，这时我们就可以用与人为善的态度对冒犯者进行温和的批评。

　　一位刚刚学会骑自行车的小伙子，骑车时见前边有个过马路的人，连声喊道："别动！别动！"那人站住了，但还是被他撞倒了。

　　小伙子扶起这个不幸的人，连连道歉。那人却幽默地说："原来你刚才叫着'别动，别动'是为了瞄准我呀！"

像上面这个例子中的情况，我们在日常生活中会经常碰到。过马路的人被骑车的人撞倒了，还有心思与骑车的人开个玩笑，这并不是回避、无视生活中出现的矛盾，而是以幽默的方式表达一种温和的批评，表现出的是一种很高的修养。借幽默的友爱之手，我们就能巧妙地化解掉生活中的各种矛盾。从根源上说，化解矛盾的关键是养成与人为善的友爱的心态。很多的幽默故事都体现了人们对人与人之间友爱的呼唤。让我们看看下面这个幽默故事：

　　在电影院里，一名年轻男士在摸黑上过厕所后，回到影院里某座位外端的女士旁边，对她说："刚才我走出去的时候，是不是踩到了你的脚？"

坐在最外端的女士很厌烦地回答道："那还用问吗？"

那名年轻男士赶紧说："噢！那就是这排了！真对不起，我有严重的近视……请让我为您擦擦鞋吧……"

女士马上表示没什么，说自己擦就可以了。

从这个幽默故事中我们可以看出，如果你冒犯了别人，对方在乎的可能不是你是否会赔偿他的损失，而是你对自己所做错的事的认错态度。所以，当错误的一方是你时，你只要诚实地低下头，用幽默的方式向别人道歉，让对方感受到你表达歉意的诚心，相信大多数时候对方也会友善地对你表示谅解。

而且幽默地道歉也要注意时机，一般情况下，正在发脾气的人，正处于气头上，有时候甚至会丧失理性，在这个时候，如果你保持安静，不去惹对方，对方会慢慢地恢复平静。当对方在谩骂不休之时，你千万不要抱薪救火，故意去惹怒对方，只有这样对方暴怒的火焰才会慢慢熄灭。

3. 用幽默避免摩擦

有时候，我们需要表达对他人的仁爱、同情和安慰，但是这种表达如果使用的方法不当，反而会使我们安慰的对象感觉被同情、被可怜，反而使友善的安慰传达出相反的意思。这种时候，我们不妨运用幽默看看效果如何。

　　一个酷爱打保龄球的人说："我的医生说，我不宜打保龄球。"

　　他的朋友听了说："哦，他一定跟你较量过。"

　　对朋友的仁爱之情、安慰之意通过幽默的方式委婉表达出来，既不会伤害到朋友的自信心，又很好地传达了自己的意思。在个性迥异或一时闹了别扭的亲情手足之间，貌似嘲笑的幽默关怀总是来得更有效，不仅能快速地弥补差异及别扭形成的裂痕，更缩短了双方的距离。

　　有一对夫妇吵得很凶，吵到后来，丈夫觉得后悔，就把妻子带到窗前，去看一幅不常见的景象——两匹马正拖着一车干草往山上爬。

　　"为什么我们不能像那两匹马一样，一齐将车拉上人生的山顶？"

　　"我们不能像两匹马一样一起拉。"妻子回答说。

　　"因为我们两个之中有一个是驴子。"

　　丈夫调整了的情绪改变了妻子尖刻话语的原意，使它成为温情的表达："是的，我赞成。让咱们一起笑，别吵了。"

　　幽默语言能化解人际的冰霜，增进人际的和谐，避免可能发生的冲突。幽默能帮助我们认识到：同人与社会关系这类重大问题相比，人与人之间的矛盾大多可以调解。如果我们能够轻松地看待日常小事，就可以免除许多不必要的紧张和忧虑，使自己心情舒畅，还能开导他人、调解争端。

某大公司的董事长和税务局局长有矛盾，双方很难心平气和地坐在一起，可是又必须把他们都请来，参加一个重要的会议。最后，他们都来了，但是双方都对彼此视而不见，犹如对方是透明的。

　　会议主持人抓住他们的矛盾，给出了趣味思考。他向人们介绍这位董事长时说："下一位演讲的先生不用我介绍，但是他的确需要一个好的税务律师。"

　　听众爆发出一阵大笑，董事长和税务局局长也都笑了。

　　我们身处快速运转的现代社会，繁忙的工作再加上各种利益的纠葛，人与人之间的矛盾冲突增多，日常生活的摩擦更是不断。如何放松紧张情绪、避免争吵，让自己摆脱处世的烦恼，确是急需考虑的。善于运用幽默力量的人对此就可轻松应对。

4. 用幽默消除敌意

　　带有敌意的幽默运用在现实中也很常见，当人们把自己置身其中时，原本带有敌意的幽默也就变得没有敌意了。

　　你不一定要像演员那样去演戏。但在任何时候、任何地点，你都可以站在人生的舞台上，你都能将心底所想的表达出来，解决你的困难、怨恨、痛苦和困窘。更重要的是你也能够帮助他人，让他们看到如何将个人的困惑表达出来。

　　应该指出，带有敌意的幽默能提供某种关怀和温情。下面这个例子就很能说明问题。

老杨手握一把斧头走到邻居门口说："我来修你的电视机。"

只要老杨不把邻居的电视机砸坏，他真是恰当地表达了对邻居嘈杂的音乐声的不悦，而他采取的行动不是对邻居大发雷霆。他的行为似乎是对邻居说："我希望和你好好相处，能不能请你把电视机的声音关小点？"

你不一定要找把斧头才能将自己的意思表达出来。只要试着把你的感受和你的幽默结合，就会有很好的效果。

许多关于幽默中的矛盾，都显示人们只有对所爱、所关心的人运用幽默时，才能把带着敌意的幽默用得当，并产生好的结果。我们应该学会消除对周围人或事的敌意态度，因为敌意是一种能置人于死地的"毒素"，它会毁掉你的生活。

在生活中，当别人取笑你时，最好的平息风波的方式是和对方一起嘲笑自己，如果你是领导，就更应该表现出领导风范，巧妙地将敌意化解掉。

我们要强调的是将这类幽默转变为幽默力量，来帮助自己把内心的温暖感受表达出来，使我们免于矛盾冲突的战火。当我们把内心的痛苦表达出来时，就能消除心头的怨恨。

在邮局大厅内，一位老太太走到一个工作人员跟前，客气地说："先生，请帮我在明信片上写上地址好吗？"

这位工作人员当时很忙，但是又不好拒绝，于是，匆忙地为这位老太太写好了明信片"。

"谢谢！"老太太又说："请再帮我写上一句话，好吗？"

中年人不耐烦地问道："您还要写什么啊？"

老太太看着明信片说:"帮我在下面再加一句:字迹潦草,敬请原谅。"

工作人员先是一愣,然后笑着说:"对不起,大妈,我工作实在太忙了,我现在再帮您重新写一张吧!"

这位老太太运用了一句幽默的语言,不仅批评了工作人员的工作态度不认真,也让他虚心接受了她的批评。这就是幽默的艺术。或许,在你为幽默批评感叹叫绝的同时,你会觉得这神秘的幽默与自己遥远无期。其实,这很简单,只要你掌握了其中的技巧,就一定能够在平日的生活、社交中游刃有余。

有一个面包师,他长期从他邻居的那儿购买黄油。有一天,他觉得本应是3磅重的一包黄油似乎太轻了点。于是,他每次购买完黄油,都要仔细地称一称,经过一段时间的观察,他发现他每次购买的黄油分量都不足。

面包师特别生气,便向执法机关提出诉讼。这样一来,事情就闹到了法官那里。

"难道您没有天平吗?"法官问农民。

"有,法官先生,我有一架天平。"农民回答道。

"是砝码不准吗?"法官继续追问。

"不是,法官先生。我根本不需要砝码。"农民诚实地回答道。

"没有砝码,那你怎么称黄油呢?"法官很疑惑地问。

"这好办,"农民回答说,"您瞧,就在面包师从我这儿买黄油的这段时间,我也一直在买他的面包。我总是从他那要同样重量的面包。而每次这些面包就作为称黄油的砝码。如果他觉得我的砝码不准,那并非我的过错,而是他的过错了。"

　　当人与人之间发生矛盾时，为了避免大动干戈，我们不妨冷静下来，采用幽默批评的方式，必然能够起到事半功倍的效果。就像卖黄油的师傅，他通过幽默的语言，有力地讽刺回击了面包师在经商过程中的欺诈行为，并维护了自己的合法权益。

5. 用幽默反击别人

　　在生活中，我们有时候会受到别人冷嘲热讽的言语攻击，如果我们也以同样的方式回击对方就可能会使矛盾激化，一发不可收拾。如果我们在受到别人的言语攻击时，使用幽默巧妙应对、隐蔽反击，就能避免矛盾冲突。

　　隐蔽反击的要点一是要隐蔽，二是要对等。隐蔽是说反击不能太直接和暴露，对等是说如果对方的攻击是带有侮辱性质或调笑性质的，则可以以牙还牙，但要注意以幽默的方式来表达。下面是一则发生在主人和客人之间的小幽默：

　　主人问客人："在您的咖啡里放几羹匙白糖？"

　　客人开玩笑地说："在自己家里时放一羹匙，在别人家里做客时放四羹匙。"

　　主人忙说："呵呵！请别客气，您就像在自己家里一样好了。"

客人的幽默无失礼之处，而且还能活跃主客间严肃的气氛，而主人幽默的反击是顺势而为，不落下风，也不带有丝毫恶意。

而有些时候，别人的攻击是刻意而为的恶意攻击，在这种情况下，如果再不以牙还牙、以眼还眼，就会让自己处于劣势。一般说来这时的攻击应该锋芒毕露，但是如果你认真思考过了，你就会发现我们最终所追求的并不是攻击的锋芒，而是攻击的力度。用幽默的方式隐蔽地回击，隐藏锋芒，增加力度，更重要的是转化或降低了矛盾冲突点。

诗人拜伦在泰晤士河岸散步时，看到一个落水的富翁被一个穷人冒着生命危险救上岸，然而吝啬的富翁只给了这个穷人一个便士作为酬谢。

聚集在岸边围观的人们非常气愤，叫嚷着要把这个忘恩负义的家伙抛到河里去。这时，拜伦阻止他们说："把他放下吧，他值几个钱他自己清楚。"

在隐蔽反击时，要善于抓住对方的一句话、一个比喻或一个结论，将其倒过来去针对对方，把他本不想说的荒谬的话、不愿接受的结论用演绎的逻辑硬塞给他，叫他推辞不得、叫苦不迭、无可奈何。

英国作家弗兰西斯·哈伯（FrancesHarper）有一次出游，他让随从刷一下靴子，但随从没有遵照执行。

第二天哈伯问起这件事，随从说："刷了有什么用，路上都是泥，很快又会沾上泥了。"

哈伯吩咐立即出发，随从说："我们还没有吃早饭呢。"

哈伯立即回答："吃了有什么用，很快又会饿的。"

随从的借口并无恶意，哈伯的反击也无恶意。反戈一击的幽默在于后发制人、以其人之道还治其人之身。就像《圣经》上所说："把上帝的还给上帝，把恺撒的还给恺撒"。

6.　幽默的逸乐交谈

逸乐交谈，是指完全为了消遣、娱乐所进行的交谈行为。交流双方或多方能在轻松的交谈中增进彼此关系，因其谈话氛围比较轻松，谈话过程最适合也最容易融入幽默成分。逸乐交谈中可以充分利用重复、夸张、错置等各种幽默手段，尽显个人幽默风采。

著名科学家爱因斯坦风趣幽默。一次，由他证婚的一对年轻夫妇带着小儿子来看他。孩子刚看了爱因斯坦一眼就号啕大哭起来，弄得这对夫妇很尴尬。幽默的爱因斯坦却摸着孩子的头高兴地说："你是第一个肯当面说出你对我的印象的人。"

在晚辈来做客的轻松气氛下，爱因斯坦幽默的言谈并没有损及他自己的面子，反而活跃了气氛，使来看望他的这对夫妇能在一种轻松自然的气氛中和他交流，融洽了主客双方的关系。

一般情况下，两个十分要好的朋友逸乐交谈时，运用幽默语言善意地捉弄对方的方式较为常见。比如朋友做了个不伦不类的发型，你可以说："妙哉，此头誉满全球，对外出口，实行三包，欢迎订购。"下面是一段朋友间的幽默对话：

> 一个男人对一个刚刚相遇的朋友说："我结婚了。"
> "那我得祝贺你。"朋友说。
> "可是又离婚了。"
> "那我更要祝贺你了。"

朋友间往往无话不谈，因此能够产生幽默的话题也很多。如朋友错把黄鹤楼说成在湖南，你可说："不，在越南。"朋友之间的逸乐交谈，有时候会抓住对方的错话，将错就错，这种方式会产生很好的幽默效果。

> 有两位朋友闲着没事互吹自己的祖先：
> 一个说："我的家世可以远溯到英格兰的约翰国王。"
> "抱歉，"另一个表示歉意说，"我的家谱在大水中被冲走了。"

夫妻间的交谈大多数属于逸乐交谈，即使是商讨某些事情，他们的交谈也往往带有逸乐性。此类交谈一般夹杂幽默的玩笑。

幽默的逸乐交谈，能营造出轻松随和的谈话气氛，使交谈者更易推心置腹地进行交流。

7. 幽默善辩，弦外有音

"弦外有音"往往是"醉翁之意不在酒"，借题发挥的幽默也是言在此而意在彼，看似在嘲笑自己，其实正在反击别人，这是一种颇具弦外之音的说话艺术。

许多情况下，不论是面对谈判的对手还是平常交谈的对象，许多话往往是不能直接说的，这就需要以婉转方式去说。借题发挥的幽默就是一种婉转表达自己意图的说话艺术。可以这样来解释这个标题。首先，机辩不等于或者不完全等同于善辩，所以，"机辩善辩的幽默"最少包含有两个层次的意思。机辩，字面的意思就是充满机智的辩解，或者辩解是充满机智的。善辩，就是从说话者的角度来说，他有善于辩论的专长。机辩与善辩的关系是这样的：机辩不一定善辩，善辩一定包含机辩。因为，有时一个人能做到机变往往证明有敏捷的思维，但此人不一定能够像善辩者那样做得面面俱到。

克诺克先生来到一个陌生的城市，走进一家小旅馆，他想在那里过夜。

"一个单间含早餐，一天需要多少钱？"他问旅馆老板。

"各种不同的房间有不同的价格：二楼的房间是15个马克一天，三楼的是12马克，四楼10个马克，五楼的房间则只要7个马克，先生。"旅馆老板详细给他介绍。

克诺克先生考虑了几分钟，然后拿起箱子要走。

"您是觉得我这儿价钱太高了吗，先生？"老板问道。

"不，那倒不是。"克诺克先生回答道，"我只是嫌您的旅馆楼层太少而已。"

既能够统一机辩与善辩，又把这种统一与幽默交互渗透贯通起来，用幽默的语言展开自己的机善之"辩"，这种口才艺术，在我们这里就给它命名为"机辩善辩"的幽默。

话中有幽默，生活才更有味道。王蒙说："幽默是一种酸、甜、苦、咸、辣混合的味道。它的味道似乎没有痛苦和狂欢强烈，但应该比痛苦和狂欢还耐嚼。"

回家路上，杰瑞忽然看见两个年轻的神父同骑一辆自行车在一条小路上飞驰，便将他们拦住。杰瑞说："你们不觉得这样的速度是很危险的吗？"神父们说："没关系，天主和我们同在。"杰瑞说："很好，这么说我应该罚你们80美元，因为三个人是不能同骑一辆自行车的。"

自嘲也是辩论的一种。当这种幽默成为一种自嘲的时候，就增添了当下谈话的调侃气氛。

有一个长得很黑的人讲，有一次他在井台边洗脸，一只乌鸦飞来把他的香皂叼走了，他悟道：原来乌鸦也要用香皂洗自己。"啊，它也和我一样黑，一样得用香皂洗脸。"

这种自嘲还可放到另一种场合。在这种场合下，说话者面对的人，总是阴沉着脸，当说话者讲笑话的时候，就有意无意间对"黑脸"的人有所提醒，使对方意识到自己不该总黑着脸。

在历史上和现实生活中，我们常能看到或听到许多这种"机辩"与"善辩"的幽默。当年诸葛亮只身过江东，游说孙权抗曹，舌战群儒，这已成为家喻户晓的历史趣闻了。在我们的日常生活中，也不难发现这样的"机善之辩"的幽默。比如，在酒席上，有的人就特别善于辞令，特别善于借助自己机辩的辞令，劝人喝酒。又如，一些会议上，面对某项一筹莫展的计划，有的人就能巧妙地拉拢他人的支持。这样的事情很多，随时随地都能碰上。正如前人所说的，不是生活中没有美，是缺乏发现美的眼睛。

8. 用幽默化解夫妻矛盾

幽默是打破夫妻之间僵局的最佳方式。如果你说："你看世界上的冷战都结束了，我们家的冷战是不是也可以松动一下？""瞧你的脸拉那么长干什么！天有阴晴，月有圆缺，半月过去了，月儿也该圆了吧！女人不是月亮吗？"对方听了大多都会"多云转晴"的。

总之，只要一方能针对矛盾的具体情况，积极沟通、巧用言语，就可以尽快打破僵局，让家庭生活恢复往日的欢乐与和谐。因此，幽默是家庭生活的润滑剂，它能给家庭带来阳光和春风。

幽默是讲究环境和条件的，如果身处具备幽默条件的环境中，即使文化修养较低的人，也能自然而然地幽默起来。家庭是一个很好的具备幽默条件的环境，因为家庭中充满了善意和爱。当然，有时候家庭成员之间，尤其是夫妻之间，也会产生矛盾，当夫妻之间产生矛盾时，我们便可以用幽默来消除紧张、缓和矛盾。

> 两口子吵架，妻子闹着要同丈夫离婚。他们去县法院的路上，要经过一条不深但很宽的小河。
>
> 到了河边，丈夫很快脱掉鞋子走入水中。妻子站在岸边，瞧着冰冷的河水，正愁着怎么过去。丈夫回过头温和地说："我背你过去吧。"
>
> 丈夫背着妻子过了河。他们没走多远，妻子说："算了，咱们回去吧！"
>
> 丈夫诧异地问："为什么？"
>
> 妻子不好意思地低着头说："离婚回来的时候，谁背我过河呢？"

幽默和温和的言语一样，在夫妻之间发生矛盾的时候，表达出委婉的妥协，既不损及自己的颜面，又能同爱人友好地和解。夫妻之间，貌似嘲笑的幽默总是能够迅速地弥补双方之间的个性差异与感情裂痕，拉近双方的心理距离。下面就是一个这样的故事：

> 丈夫看见失业的妻子一点儿也不着急找新工作，于是对她说："你怎么一点儿都不懂得废物利用？"
>
> 妻子回答说："因为很懂得，所以才嫁给了你。"

丈夫本想教训妻子一顿，却被妻子幽默地驳回，丈夫自然会反思自己是否在妻子失业期间给予妻子的关怀不够。记住，在婚姻和家庭生活中某些特殊的时刻，折损人的话语可能会造成对方不可磨灭的伤痕，在这种时候，我们要像上面故事中的妻子一样，尽量运用幽默去做妥当地化解。

> 夫妻俩吵得很凶，老婆气得直说："我真后悔嫁给你，早知如此，我就嫁给魔鬼了！"
>
> "不行，你不能这样做，你难道不懂近亲结婚是法律所不允许的吗？"

面对盛怒的妻子，丈夫幽默地把她比作了魔鬼，让妻子好气又好笑，怒火便消掉一半。

妻子往往喜欢故意刁难丈夫一下，这时丈夫也需要具备灵机一动的幽默功夫，不然就会身陷窘境。看看下面这个例子：

> 妻子问丈夫："如果我和你妈同时落水，你该先救谁？"
>
> 这真是一个让人不知如何回答的问题，而聪明的丈夫灵机一动："当然要先救未来的妈妈！"

丈夫一箭双雕、八面玲珑。而到底谁是未来的妈妈，女人都可以。如果男士们家中都有这么一位好出难题的妻子，那就得练好灵机一动的幽默功夫。

恩格斯说过："幽默是具有智慧、教养和道德上的优越感的表现。"在家庭成员的交流中寓庄于谐地表达一个严肃的内容，甚至用来进行善意的批评，使另一方在轻松的感觉中备受启迪。当夫妻间发生矛盾时，双方都应该撇开愤怒、抛弃争吵，试试在那一刻运用直达心灵深处的幽默的力量。

9. 幽默反击伴侣的讽刺

　　夫妻之间的幽默，"和风细雨"式的为多，但是当一方的话带有极强的进攻性与侮辱性时，另一方就需要运用返还幽默法，按照对方的逻辑去理解或做出推论，将对方侮辱性的话语巧妙地反弹回去，以使对方警醒。请看下面这个幽默故事：

　　一对夫妻吵架，丈夫粗鲁地嚷道："你简直是一头蠢猪！"

　　妻子平静地回答说："你这么多年一直跟猪睡在一起，你也好不到哪里去！"

　　丈夫骂妻子是猪，这时候，妻子就不能一味退让了，她抓住丈夫言语的荒谬性，又将谩骂返还给丈夫，使他自取其辱，提醒他在骂别人的时候也是在骂自己。

　　"你说当时向你求婚的人多得数不清？"丈夫生气地责问他妻子。

　　"是呀！很多。"她答道。

　　"那么，你怎么不和第一个向你求婚的笨蛋结婚呢？"

　　"对呀！我正是这么做的呀！"

　　妻子很聪明，从一开始说话就为丈夫设了语言陷阱，丈夫则不知不觉钻进了妻子设的圈套之中。

上面的故事中都是男人引发争吵,其实很多的时候,我们也会听到妻子下面这样的抱怨之词:

妻子咬牙切齿地大声骂她的丈夫:"我真是个瞎了眼的蠢女人,怎么和你这种男人结了婚?"

"啊!一点也不错。"丈夫答道,"我也是瞎了眼才娶你这种女人。更糟的是,我竟然没能及时发现!"

每个人都是有自尊的,男人的自尊心就更强了。上面故事中,妻子以自辱的方式骂丈夫,丈夫通过以其人之道还治其人之身的幽默技巧来维护自己作为一个男人的尊严。返还幽默的技巧不仅在夫妻激烈的争吵中被使用,还常在夫妻斗嘴时用到。

妻子回家以后,兴奋地对丈夫说:"我今天请人看过手相,他说我的第二任丈夫是个英俊潇洒、学识渊博、又善解人意的人。""哦!"丈夫半怒半喜地说,"原来你跟我结婚是第二次呀!"

妻子拐弯抹角地指责丈夫不够优秀。面对妻子变相指责,丈夫不露声色地进行了反击。

妻子说:"男人都是胆小鬼。"
丈夫说:"不见得吧,否则我怎么会与你结婚?"

妻子骂男人都是胆小鬼,实际上是在特指丈夫胆子小。丈夫则通过幽默的语言向妻子表达"我敢娶你这么厉害的女人不正好说明我胆子大吗!",在揶揄中逗得妻子一笑。

返还幽默一般是对方的攻击有多少分量，反击就有多少分量，这个分量可以适当减轻，但不可以加重，在运用这种幽默技巧反击伴侣的讽刺时，切忌不可忘了这一点。否则，可能会因为反击分量过重而引起新一轮的争吵。

10. 用幽默掩饰自己的过失

在家庭生活中，我们难免偶尔出现过失，这时候最好的办法莫过于用幽默掩饰过失。用幽默掩饰自己的过失不是逃避责任，而是幽默地求得家人谅解。

在夫妻生活中，一方犯错而受到另一方的指责是可以理解的，不能认为对方是在故意找碴。一般在这种情况下，有过失的一方可以借助幽默博对方一笑，化解对方心中的不愉快，让对方原谅自己。

一次，一对夫妻因吵架而动了手，丈夫给了妻子一记耳光，妻子抓破了丈夫的脸。事过几天，夫妻俩谈起此事，妻子责怪丈夫太粗鲁，说："你怎么能打我的脸？"丈夫笑说："难道做丈夫的就不该碰碰自己妻子的脸？"妻子一听乐了："那我就是给你抓脸搔痒！"

他们上次打架肯定是有原因的，提起那些话题或许又会引起新的争吵。丈夫通过答非所问，在答话的时候巧妙地转移了话题，幽默地为自己打人的行为辩解，这就避免了一次语言冲突。

男人喝酒，常常会受到妻子的责骂，巧妙地运用幽默，男人也能化干戈为玉帛。

一个酒徒在外面喝酒喝多了，很晚才回到家。他又忘记了带钥匙，于是只好敲门。

妻子怒气冲冲地打开门说道："对不起，我丈夫不在家。"

"那好，我明天再来。"

酒徒说完，装出转身要走的样子。

结果你或许也想到了，妻子一下子就追上去把丈夫拉回了家。丈夫借助幽默的语言和行动，化被动为主动，巧妙掩饰了自己的过失，得到了妻子的谅解。可是，如果你忘了特别的日子，比如妻子的生日，那妻子就真的会不高兴了。这时候，除了用幽默掩饰过失之外，你还必须明确地承认你的错误！

一位丈夫在妻子生日过后一个星期才想起忘了向妻子祝贺生日。他在送上一份迟来的礼物时说："我问了珠宝店的小姐说：'给上周过生日的老婆该送什么礼物好？'"结果他的妻子对他的"健忘"莞尔一笑，说："我知道你是难得买礼物的人。你老是忘了生日和结婚纪念日。"

上面故事中，丈夫赢得妻子的谅解，不仅仅是因为他的机智幽默，妻子的宽容大度也是一个重要的原因。客观上来说，夫妻之间免不了磕磕绊绊，而夫妻生活也因此才不显平淡与乏味。不论争吵的最初原因是什么，要想尽快地熄火降温、平息争执，关键在于其中一方能主动承认错误、巧用幽默，这也会使生活充满更多的欢笑。

有一对老夫妻，常为一点小事争得面红耳赤、互不相让。后来，不知丈夫从哪里学来这么一个绝招，他总在双方争执不下的时候，从衣袋里摸出一张小卡片送给妻子。这些小卡片上，有的写着"对不起"，有的写"别生气"，有的写"我爱你"，有的写"笑一笑"，还有的写着"不怕老婆非好汉"……往往惹得妻子展颜一笑。

虽然一辈子没红过脸的夫妻不见得就是好夫妻，但是，各不相让也难免"话赶话没好话"。在家里，做丈夫的会听到妻子各种各样的抱怨，丈夫的语言若能巧妙运用幽默，大家便能相安无事，否则，就会"内战"不断。有了孩子的年轻父母们，孩子能为他们带来欢乐，可有时也是他们争吵的导火线。

有一次小王和5岁的儿子玩飞碟，儿子玩得太起劲了，以致跌了几次跤，滚了一身土，回家妻子一见便骂父子俩不讲卫生，刚穿的衣服就弄得这么脏，小王没有直言辩解，只是笑笑，说："是他自己搞成这样，与我无关，你看我的衣服不是挺干净吗？"妻子被小王孩子气的话逗乐了。

在家庭中幽默可以掩饰我们的过错，但幽默不是万能的，也并不是所有过错都可以用幽默轻松遮掩过去，无论是男人还是女人，某些重大的甚至会危及夫妻关系的错误必须向对方实话实说，用坦诚赢得对方的宽容和谅解，不能因为幽默掩饰而冲淡了夫妻之间应有的诚实。

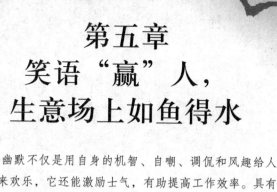

第五章
笑语"赢"人，
生意场上如鱼得水

　　幽默不仅是用自身的机智、自嘲、调侃和风趣给人们带来欢乐，它还能激励士气，有助提高工作效率。具有幽默感的人更乐观、更豁达，能利用幽默消除工作中的紧张和焦虑。那些在工作中取得成就的人，大多都是善解人意、具有幽默感的人。

1. 赞美式幽默，讨客户欢心

相信大家对《狐狸与乌鸦》的故事都耳熟能详吧！狐狸通过各种巧言赞美乌鸦，把乌鸦赞美得心花怒放，就在乌鸦开口笑的那一刻，狐狸得到了自己想要的肉。作为推销员，我们不能像狐狸那样狡诈，但至少我们要学会像狐狸那样去赞美客户。

推销商品时，销售员如果能让客户笑口常开，回头客也较多。推销商品是为了赚钱，但在这之前我们得先学习喜欢与人打交道才行。所以，掌握推销之道，一定要真心喜欢客户、诚挚赞美客户，让客户经常开心地笑出来，他们才会心甘情愿地从口袋里掏出钱来给你。

看看那些百货商场的销售员都很能赞美人，不管客人试穿什么样的衣服，销售员都能讲出一套绝佳的赞美词来赞美一番，客人们被赞美得心花怒放，或许就会笑着说："真的好看吗？好好好，包起来！"让客人笑一笑，就会让销售员的荷包满满，这可是销售学上的金科玉律。

在推销的过程中，有时会遭遇一些意外的突发事件而影响顾客的购买欲，这时，推销人员可以适时运用幽默，化解事件的影响，让客户笑着接受你所推销的商品。

一位房产推销员正在对客户夸耀他推销的住宅楼和居民

区。他说："这片居民区特别干净，物业非常负责，小区里阳光明媚、空气清新，到处都是鲜花和绿草，疾病与死亡好像跟这里的居民无关。"

就在此时，远处走来一队送葬的人，他们哭声震天地从客户面前经过。这位推销员立刻对客户说："你们看，这位可怜的人，他是这儿唯一的医生，没想到被活活'饿'死了。"

如果推销员对送葬队伍这件事没有一个合理的解释，恐怕客户很难将他先前的吹嘘当作一回事，还会对推销员的印象大打折扣，甚至对他介绍的房子产生怀疑。而推销员随机应变的小幽默恰好打破了眼前尴尬的局面，使双方的交易能够比较稳定地进行。

一天，一位推销钢化玻璃酒杯推销员在很多客户面前进行示范表演。为了说明酒杯经久耐用，他把一只钢化酒杯丢到地上。出乎意料的是，这只酒杯居然"啪"的一声摔碎了。

当时客户们都睁大了眼睛，搞不清楚状况，开始怀疑产品的质量问题。这位推销员的心里也"咯噔"一下，但他马上恢复了平静，用沉着而诙谐的语气幽默地对顾客说："像这样的杯子，我是不可能卖给你们的。"

听了推销员的话之后，大家都轻松地笑了，以为第一次砸碎杯子是为了跟下面的表演进行对比，先吊一下大家的胃口。

　　紧接着，推销员乘机又扔了五六个杯子，都成功未碎，场内气氛立刻活跃起来。而这位推销员也通过成功试验而赢取了客户的信任，顺利售出了几百个酒杯。

　　面对突如其来的状况，这位推销员随机应变，巧妙地来了个顺水推舟，让突发的情况演变为推销的一个环节，反而制造出强烈的幽默效果，实现了推销的目的。

　　有时，在推销的过程中，会因为各种误解引发尴尬局面。如何消除尴尬便成为推销是否能成功的关键环节，而这时，就需要推销员运用幽默缓解尴尬。

　　有一位女顾客带着她的新婚丈夫到服装店去买衣服，由于她的丈夫年龄较大，女店员误认为是她的父亲。于是，在介绍西装给这位顾客时，说这套衣服很适合这位女顾客的爸爸穿，女顾客听了这话很尴尬，没有说话，脸红红地盯着这位女店员。另一位女店员见此情景，知道自己的伙伴说错话了，连忙拉开自己的伙伴，搭话说："女士，你看这位先生穿上这套衣服，很精神、很有品位，与你就像总统配上总统夫人一样般配！"这位女顾客看见女店员这么一说，不但化怒为喜，还爽快地买下了这套西装。

　　第一位推销员的粗心大意把女顾客的丈夫误认为是她的父亲，造成了女顾客的尴尬，幸亏有第二位推销员的幽默赞扬，缓解了女顾客的尴尬，让她因心情愉悦并果断下单。

　　生活中的每一个人，都有较强的自尊心和荣誉感。你对他们真诚的表扬与赞同，就是对他价值的最好的承认和重视。而能真诚赞美客户的推销员，必能使客户的心灵需求得到满足，最终实现成功销售。

2. 巧卖关子，唤起对方的好奇心

女儿："爸爸，我们话剧团的一个女演员爱上了一个淘粪工人。"

爸爸："这是条好新闻，我马上去采访。"

女儿："你们记者就爱大惊小怪的，连姑娘爱上小伙子也值得采访？"

爸爸："目前，'门当户对'的旧思想还大行其道，像这样敢于冲破旧传统的好姑娘，应该好好报道，表扬一下。"

女儿："爸爸，您真的赞成？"

爸爸："当然，多么高尚的姑娘，我一定要给她点个赞！"

女儿："这个女演员就是我，您要是真想采访就直接问我吧！"

女儿怕爸爸反对自己和一个淘粪工谈恋爱，便"卖"了一个"关子"，试探爸爸的反应，在得到爸爸的赞许下，最终一语道破是和淘粪工谈恋爱的就是自己，即使爸爸有一百个不同意，也不好直接予以否定。可见，为了达到目的，我们可以采用巧卖关子的方法，唤起对方的好奇心。

在人类所有行为动机中，好奇心是最有力量的一种动机。对于推销员而言，要想唤起客户好奇心，就要巧卖关子，尽量做到神秘莫测又幽默风趣，得心应手又不留痕迹。如此一来，通常都可以达成目标。

推销员在向客户推销商品时，可以绞尽脑汁想出一个吸引顾客眼球的开场白。如果在开场之时就能唤起顾客的好奇心，那通常意味着推销已经成功了一半。

在一次贸易博览会上，推销员对一个正在研究该公司产品说明的客户说："你需要买什么产品呢？"

客户说："这里没什么可买的。"

推销员说："对呀，其他客户也这样说过。"

当客户正为自己的明智感到得意时，推销员又微笑着说："不过，他们最后都改变了看法。"

客户对此感到很好奇，问："哦？为什么呢？"

于是，推销员开始进入正式推销阶段，公司的产品最终被这位客户所接受。

当客户没有明确表达自己的购买计划时，推销员也没有直接向他介绍自己公司产品的情况，而是巧妙地设置了一个悬念——"别人也说过没什么可买的，但最后他们都改变了看法。"从而引发了客户的好奇心，最终产品反而得以成功推销。

有时候，为了接触并吸引客户的注意力，推销员们还可以尝试着用一些大胆的陈述或强烈的问句来开头。幽默地设置几个悬念，从而达到请君入瓮的目的。

　　优秀的销售员乔·格兰德尔，绰号"花招先生"。在拜访客户时，他首先会将一个三分钟的蛋形计时器放在桌上，然后对客户说："请您给我三分钟时间，三分钟一过，当最后一粒沙穿过玻璃瓶后，假如您不希望我继续讲下去，我就离开。"

　　乔·格兰德尔在推销产品的过程中，除了会使出蛋形计时器的花招，还会拿出闹钟、20元面额的钞票等各式各样的道具，为自己争取足够的时间让顾客能静静地坐着听他讲话，并对他所推销的产品产生兴趣。

　　在推销过程中，经验丰富的推销员都能使用幽默的语言艺术创造一种轻松愉快的氛围。而当跟客户出现意见分歧时，幽默的语言又能转移或淡化矛盾，化解或缩小分歧。同时，在阐述意见和要求时，幽默的语言不仅能清楚地表明自己的观点，而且还不会引起对方的反感。

　　如果你是卖空调的，那就不要急着问客户"有没有兴趣买空调？"，或问他们"是不是需要空调？"，而要问："您想知道用什么样的方法可以让你们公司每个月节省开支吗？"这类问题往往更容易吸引客户的注意力，让客户对你和你的产品产生好奇心。

　　如果你是卖保险的，你可以问客户："您知道每年只需花几十块钱就能防止火灾、水灾和失窃吗？"虽然对方一时无以应对，但却表现出一副很想了解的样子。此时，推销员通常可以补上一句："您有兴趣了解我们公司的保险吗？我这里有20多个险种供您选择。"如此一来，客户对产品的了解欲望被调动起来，双方便有了进一步协商的机会。

事实证明，对于推销员而言，交易能否成功，在很大程度上都取决于推销员对客户采取的诱导方式。通常来说，善于巧卖关子的推销员往往更容易成功推销产品，因为没有几个人能抗拒好奇心的诱惑，更不要说购买欲强烈的客户了。

3. 用幽默缓和紧张的气氛

一天，歌德在公园里散步。在一条只能通过一个人的小道上，他迎面遇到了一个曾经对他的作品提出过尖锐批评的评论家。这位评论家高声喊道："我从来也不给傻瓜让路！"歌德一边满面笑容地让路，一边说："而我则正好相反！"

歌德的回答，在后世传颂甚广。而歌德所运用的幽默战术，也与中国太极拳中的"以柔克刚"极为相似。在日常生活中，当双方因冲突争论而僵持不下时，不妨说个笑话，来个幽默，和缓一下紧张的气氛，从而避免一场冲突。

在与客户交往的过程中，难免会发生一些矛盾或者误会，如果双方互不相让，就有可能大动干戈，好好的一笔生意就可能因此而谈崩，由此给自己和公司带来巨大的损失。这时，作为一名为销售员，一定要保持清醒而冷静的头脑，巧用幽默化解紧张的气氛，进而奠定和谐融洽的合作氛围。

一家餐馆的卫生条件不合格，顾客在此用餐时，经常会发生不愉快的事。

一天，一位附近小区的常客再次来到这家餐馆就餐。这位顾客刚要动筷，就在汤碗里发现了一根头发，于是把服务员叫来，问："你们餐厅是不是换新厨师了？"

服务员很诧异："你怎么知道的？"

顾客很自信地说道："当然知道啦，平日在汤里总能捞到白头发，今天碗里的是根黑头发。"

服务员灵机一动，脱口而出："先生，您说的可能是以前的情况，我们店里聘请的厨师是一位秃子。"

这位和善的顾客非常聪明地发挥了他的幽默，既向对方委婉地表达了自己对餐厅饭菜卫生的意见，又给对方留足了面子，但是，聪明的服务员为了"以礼还礼"，不伤害顾客的面子，又巧用幽默成功地摆脱了尴尬的处境，在一片欢乐中避免了一场口舌干戈。

有一次，一位顾客在一家有名的饭店点了一盘清蒸螃蟹。但当菜端上来后，顾客发现盘中有一只螃蟹没有蟹腿。这位顾客很不高兴，叫来服务员："怎么搞的？难道这只螃蟹先天残疾吗？真不知道他是怎么活到现在的？"

服务员抱歉地说："对不起，这只螃蟹不是先天残疾，是后天造成的！"

顾客很疑惑地问道："哦？怎么造成的？"

服务员笑着说："您是知道的，螃蟹是一种残忍的动物，这只螃蟹一定是在和它的同类打架时被咬断了腿。"

顾客巧妙地回答："那就请你为我调换一下，把那只打胜的螃蟹给我。"

顾客和服务员双方都用幽默的表达方式，委婉地指出双方存在的分歧，从而避免了冲突的发生。

在推销的过程中，有时候销售一方会陷入被动状态，原因可能是自己理亏，也可能是对方的咄咄逼人，不论原因是什么，要想在这时候扭转局面，幽默能帮上大忙。

一位女士怒气冲冲地闯进一家水果店，向水果店老板吆喝道："为什么每次我儿子在你家买的水果都缺斤短两。"

水果店老板听到此话后并没有慌乱，仔细想了想，猜中了其中的原因。十分有礼貌地回答："女士，你为什么不在你那可爱的儿子回家时称称他的体重，看他是否比买水果前重了。"

这位女士为之一愣，继而恍然大悟、怒气全消，心平气和地对水果店老板说："噢，对不起，误会了。"

聪明的水果店老板为顾客提供了一个问题的答案，营业员认准了自己不会称错，便只剩下了一种可能，即馋嘴的小孩把水果偷吃了。如果水果店老板觉得自己没有理亏，得理不让人，反唇相讥："我不会搞错的，肯定是你儿子偷吃了"，或者"你不找自己儿子的麻烦，反倒指责我称错，真是不可理喻。"这样去对待顾客，不但不会平息顾客的怒气，同时，还可能引发一场更大的争论。

在生意场上，很多时候，推销员只需要适时地幽默一下，就能让事情圆满解决，使自己转败为胜。

有一位销售部的新手向老推销员诉苦："我干不了这差事。我不管走到什么地方，都会被人侮辱。"

老推销员充满同情地说："那太糟了！我从没有过这种经历。多年来我走遍很多城市进行推销，我拿出来的样品曾经被人丢到窗外，我自己也曾经被人拒之门外。但是，我想我还是比较幸运的，因为我从来没有被人侮辱过。"

通常情况下，客户对突然闯入的销售员都会采取冷漠的态度。这位老推销员以自己的亲身体验告诉刚入行的新手，作为一名推销员必须要有幽默、乐观的心态，经得住冷眼、经得住拒绝，不然很难坚持下去，更不要说获得成功了。

根据相关调查表明：具有幽默感的人在推销商品时往往更容易成功。原因很简单，幽默可以在推销员和客户之间制造笑声，而客户在笑声中往往更容易接受商品。

如果你正和一个爱挑剔的客户打交道，那么，给你最好的建议就是用幽默的方式进行沟通。

在与客户合作的过程中，由于各种各样的原因，难免会与客户产生矛盾，如客户要求换货或退货，客户对产品售后不满等，这时候客户的情绪往往会很差，对先前销售产品给他们的销售员充满了不满和抱怨。这时，该如何应对呢？

可能多数人会秉持"客户就是上帝"这一原则，坚持以客户为本，首先向客户道歉，表示对客户的理解，之后向客户说明缘由，通常情况下都会将问题原因揽在自己身上，最后就是寻求解决之道。

通常，这种处理方法的确可以减少一些不必要的麻烦，但是也未必总能奏效，因为不是所有的客户都会被这种诚意打动。更何况，盛怒的客户未必能听得进销售员的劝解，难道就这样坐以待毙吗？

其实，如果你能用幽默的方式将客户的"锋芒"软化，再想办法解决，能避免冲突。

我们不妨看看下面这个餐厅服务员是如何做到的。

小美是一家西餐厅的服务员，她是一个幽默风趣的姑娘。一天，顾客们正在悠闲地进餐，与朋友畅快地闲聊时，一个挂在墙上的装饰物突然掉了下来。落地的声音很大，所有人都被吓了一跳。

顾客们几乎同时回头，并愕然地望着餐厅的服务员，当时还有人抱怨了几声。

这时，小美一脸惶恐，委屈地解释道："不是我干的！"

听到这话，顾客们顿时哄堂大笑。

面对客户的不满和抱怨时，可以采用幽默的方式道歉，同时解释原因，使客户在笑声中谅解你。

可是，有时候遇到难缠的客户，认定自己是"上帝"，认定自己占理，认定自己是对的，而你是不合格的服务者，导致沟通不畅、面谈不顺，此时，你更要适时切入幽默的话题，尽可能消除对方的敌对心理，缓和僵局，使问题得以顺利解决。

有一位女士买了一条黑狐围巾，据店员说这是用真毛皮做的，质量超好，永不褪色。但是，这位女客户不小心淋到了雨，竟发现这条围巾居然褪色了，便火冒三丈地来皮货商店理论。

她一进门就大声吵嚷道："你们完全是奸商，我花这么大价钱买条围巾，可它一遇潮就褪色。是谁当初说这是真皮来着？你们这不是坑人吗？"

女客户这么一吵嚷，顿时引来了很多人的目光。为了不影响到其他客户，皮货店老板一边客气地赔着笑脸，一边招呼这位女客户到自己办公室。来到办公室，老板拿过那条黑狐围巾仔细地看了看，随后根据自己的经验，推断这的确是假货，连忙又开始道歉："真不好意思，我进货时没有把好关。"

一听这话，女客户的气焰更盛了："你不识货，你还卖什么货？真是奸商！我要投诉你。"

老板听了不气也不恼，笑着让这位女客户坐下，接着说道："女士，您今天要是不说这事，我还一直蒙在鼓里呢。难怪人家说狐狸是最狡猾的动物了，还真是，你看它都做成了围巾竟然还能变着法地害人。但是，无论它怎么变化，我也有办法治它。来，咱们好好谈谈，您要是想退货，我一定给您退货，要是不想退货，我再给您换一个真货！"

这位女客户被逗乐了，火气也小了很多："唉，这是什么事嘛……"

这位机智的老板用几句幽默的话就化解了客户的怒气，让客户转怒为笑，这就为下一步解决问题奠定了良好的基础。

可见，要想成为一名成功的推销员，一定要培养自己的幽默感，然后运用幽默这个有力武器来为自己争取到合作的机会。

4. 跨越严肃之门，幽默促推销

作为一名推销员，每天都要跟一些陌生人打交道，甚至要处理一些非常棘手的难题。但是，对一个优秀的推销员而言，这并不难。因为他们懂得用幽默的钥匙开启自己与客户之间的严肃之门。

推销员在运用幽默时，一定要讲究技巧性，面对不同的客户、不同的场景，要采用不同的幽默方式。

作为一名推销员，首先一定要弄清楚自己所推销的产品的用途，然后根据用途锁定客户对象。如果不是必需品，大多数客户对推销员所推销的商品都会表现得毫无兴趣，这时，就需要推销员开动脑筋，不要急于推销商品，可以巧设问题，逐步递推，让客户认识到商品的实用性，最终成功"逼单"。

小刚是一位刚毕业的大学生，思想很活跃，且说话诙谐风趣，因此，他选择当了推销员。

有一次，大学生走进一家报社问："你们需要一名有文采的编辑吗？"

前台人员回答："不需要。"

小刚接着问："记者呢？"

前台人员不耐烦地回答："也不需要。"

小刚继续追问："如果印刷厂有缺额也行。"

前台人员没好气地说："不，我们现在没有任何空缺。"

小刚笑了一下说："那我想你们一定需要这个东西。"

说完，小刚便从背包里取出一块精美的告示牌，上面写着几个大字："额满，暂不雇人。"

前台人员可能被小刚的智慧和幽默打动了，爽快地买下了这个告示牌。

小刚巧用幽默技巧，轻而易举地促成推销，实在令人拍手叫绝。

推销员在推销产品的过程中，面对毫无兴趣的客户，推销员一定要有耐心与毅力，可以讲述一些过去的成功推销的故事，吸引客户的注意力。当客户的注意力被吸引过来时，再详细向客户介绍商品的独特功能，当客户了解到商品的好处，自然会主动购买。

海耶斯是美国俄亥俄州的著名演说家，人们不知道的是，他曾经是一个初出茅庐、畏首畏尾的实习推销员。

一次，年轻的海耶斯跟随一位老推销员到某地推销收银机。这位老推销员相貌平平、身材矮小而肥胖，但是，他红彤彤的脸上写满了幽默感。

当老推销员带着海耶斯走进一家小商店，老板就粗声粗声地拒绝道："我对收银机没有兴趣。"这位老推销员并没有就此打住，而是走过去倚靠在柜台上，咯咯地笑了起来，好像他刚刚听到了一个世界上最奇妙的笑话。店老板直愣愣地瞧着他，搞不清这是什么状况。

过了一会儿，这位老推销员直起身子，微笑着表示歉意："对不起，我忍不住要笑。你让我想起了另一家商店的老板，他跟你一样说没有兴趣，后来却成了我们熟识的客户。"

接下来，这位老练的推销员一本正经地展示他的样品，历数其优点，每当老板以比较缓和的语气表示不感兴趣时，他就笑哈哈地引出一段幽默的推销故事，诸如某某老板在表示不感兴趣之后，最终还是买了一台新的收银机。

商店里的人都瞧着他们，海耶斯在一旁又困窘又紧张，心想他们很可能会被当作傻瓜一样被赶出去。可是说来也奇怪，老板的态度居然慢慢转变了，想问明白这种收银机是不是真有那么好。

于是，他们就把一台收银机搬进了商店，老推销员以行家的口吻向老板介绍了具体用法。就这样，一笔订单到手了。

面对客户的冷漠态度，一般的推销员都会知难而退。而这位老练的推销员却有自己的秘诀，他运用幽默的技巧跨过了自己跟客户之间的严肃之门，最终取得了成功。

推销员与客户双方出现了相左的观点时，如果推销员想说服客户接受自己的观点，最好不要一上来就否定对方的观点，说客户的观点是错误的、荒谬的。这时，推销员不妨借助幽默话题打破僵局，设法创造出一种轻松的气氛，然后再将客户引导到你的观点上来。

一个年轻人辛辛苦苦编写了一本《儿童英语百科辞典》，但他没有足够的出版资金，而且很多人也不看好这本书。因为他在的这个地方位置偏僻、经济落后，当地学习英语的人一直很少。但年轻人却不这样认为，他想越是落后的地方，越是需要提高教育水平，这种书的需求量就越大，于是他去求助当地的一位富商。

来到富商家里，年轻人诚恳地说明了自己的来意。哪知富商面无表情地说道："你走错地方了，我投资是要看收益的，这个不行。"

年轻人并未放弃，连忙解释道："先生，如今我们国家越来越国际化了，使用英语的地方越来越多。您也有孩子吗？您肯定不希望他们一辈子待在家乡，不出去见见世面吧？"

听到这儿，富商刚才冷冰冰的神情消失了，他若有所思地问："这英语好学吗？"

年轻人并没直接回答，而是反问道："我见您家里在养狗，您和家人是否怕狗？"

富商毫不犹豫地回答："那当然不怕。"

年轻人觉得有希望了，有些兴奋地回答："对呀，因为我们习惯了养狗，所以不怕狗。学英语也一样，如果从小养成一种习惯的话，就不觉得难了。学英语应该从小抓起，不知不觉中就会对英语产生兴趣，这正是我编写这本书的初衷。"

富商仍旧没有下定决心，说道："我再考虑一下吧。"

年轻人依然没有放弃，说道："如果我们的孩子哪天到了欧洲，因为不会说英语而迷路了，您担心吗？您总不会到时才想给他们邮寄一本英语词典吧？"

一番幽默的话后，富商终于爽快地答应了年轻人的投资请求。

这位年轻人巧妙地打了一个幽默比喻，把学习英语和养狗联系在一起，使得现场气氛立即活络起来，使那位一直持否定态度的富商犹豫起来，接下来的会谈自然也变得和谐顺畅了。再后来年轻人那句幽默的反问，最终让富商心服口服，心甘情愿地给年轻人投资出书。

在推销中巧妙地加上幽默的语言，丝丝入扣、娓娓道来的叙述，更能深入人心，让固执己见的客户笑纳意见，让剑拔弩张的对手握手言欢。你学会了吗？

5. 幽默谈判，轻松沟通

提到谈判，多数人印象中，一定会想到一张张严肃的面孔，一双双冷酷的眼睛，谈判双方唇枪舌剑，气氛紧张得犹如箭在弦上、一触即发。事实并非如此，谈判虽然是一件庄重的事，双方都在为各自的利益和需要奋战，但如果你总是一副严肃的面孔，没有一点轻松活泼劲儿，整个谈判过程就会陷入一种紧张激烈、沉重压抑的氛围中。试想，在这种氛围下，谈判双方都各执己见，很难顺畅沟通，进而导致谈判被迫一推再推，最后只能以妥协或失败告终。

要想在一场谈判中达道目标，就要想方设法让对手接受自己的观点，为自己争取更多的利益。这时，就需要在谈判中加入幽默元素，这往往能缓和谈判双方紧张、对立的情绪，缩短彼此的心理距离，还能于无形中营造出一种轻松和谐的气氛，更能建立一种彼此之间互相信赖的关系，最终争取到心中所期望的谈判效果。

一天，有位作家到一家杂志社去领取稿费。他的文章已经发表，按理说，稿费早就该结了，可是，却一拖再拖。

这不，工作人员又推脱说："真对不起，先生。支票已开好，但是经理还没有签字，你今天不能领稿费。"

作家有些不耐烦地说："早就该结的款，他为什么不签字呢？"

　　工作人员说："因为他脚跌伤了，躺在床上。"

　　作家笑着说说："这样啊！我真希望他的腿早点好，因为我想看看他是用哪条腿签字的！"

　　这位作家幽默的话都说到这儿了，相信这家杂志社也一定不会再好意思拖欠他的稿费。

　　并不是所有的谈判都能如想象的顺利进行，有时，在谈判过程中，谈判双方很难做出让步和求和，而使谈判陷入僵局。这时，谈判者必须灵活一些，在顾及双方利益的基础上，寻找新的突破点。其中，转换一下话题、调节紧张的气氛是有效的手段，这不仅能缓和矛盾，还能为谈判扫除障碍、铺平道路，从而达到"山重水复疑无路，柳暗花明又一村"的境界。

　　挪威的水产养殖业十分发达，苏联政府计划从他们那里购买一批鲱鱼，但精明的对手却开出了出奇的高价，双方的谈判进行了一轮又一轮，代表换了一个又一个，最终都没有成功。于是，苏联方面只好派亚历山德拉·柯伦泰出面谈判。要知道，柯伦泰可是苏联著名的作家和演说家，也是世界上第一个女大使。

　　在谈判中，挪威商人伸出手掌，态度坚决地说："五位数，就这个价！"、

　　柯伦泰为了让对方适当降价，佯装出一副准备走的样子，说："一位数，不然我到别处去买。"

　　挪威商人态度坚决："即便是烂掉，我也不卖。"

双方就这样僵持不下，谈判再次陷入僵局。在挪威商人看来，他们并不在乎僵局，因为苏联人要吃鲱鱼就得找他们买，即使苏联人不买，他们也可以卖给别人；而柯伦泰则是拖不起也让不起，非成功不可。

这时，柯伦泰露出一脸愁容，略显尴尬地说道："好吧，我同意你们提出的价格。只是，这样的高价我们政府肯定不批准，我只能先按两位数支付，剩下的差额我会用自己的工资支付。但我也没有足够的钱，只能分期付款。算一算这真是一笔不小的债务，看样子我可能要还一辈子债啦！当我变成老太婆时，我的债主你们也变成一群老头了！"

听了柯伦泰的这番话，挪威商人们忍不住笑了，之后双方一致同意将鲱鱼的价格降到苏联政府认可的价格。

柯伦泰之所以在谈判中获得成功，是因为她善于缓和谈判期间这种剑拔弩张的僵持局面，通过幽默话博得对方轻松一笑而让对方心甘情愿作出让步。

在紧张凝固的空气里来一点小幽默，就如同在雪地上撒盐。当你能够利用幽默的智慧，让对手不知不觉地改变初衷，你就成功了！

6. 巧用幽默语言维护自身利益

我们在人际交往中，会遇到各种各样的人，很多时候，我们会被他人误解、嘲笑、轻视。这时，有些人会因此情绪激动，甚至勃然大怒地把对方顶撞回去，有些人可能碍于面子，选择沉默，而事后却耿耿于怀，昼思夜想不成眠。这些反应均属人之常情，但均非明智之举，因为这样的行为可能会使你陷入一种旷日持久、身心俱疲却又毫无意义的纠结中。

真正的智者都会控制好自己的情绪和行为。当我们遭受到别人的嘲笑或轻蔑时，我们不必反唇相讥、勃然大怒，也不必耿耿于怀，表现得窘态毕露，而应该坦然从容地面对。如果别人嘲笑的内容确有其事，我们就应该勇敢幽默地承认，这样对你不仅没有损害，反而更利于自身进步；如果对方只是横加侮辱，且毫无事实根据，那么，你完全可以幽默地进行反击，用巧言维护自己的利益。

在交往的过程中，我们或会因为身份地位的悬殊而遭遇不公平的待遇。这时，为了维护自身的利益和立场，我们不能硬碰硬地向对方辩解，不妨采用旁敲侧击式的幽默，让对方无力反击。

一个推销员去外地出差，走了很多家宾馆，都没有空房。于是，他抱着试试看的态度又走进一家宾馆。这时，恰好有一个客人刚走，于是，他高兴地走上前去打算预定这个房间。

推销员说："您好，我要住宿。"

服务员说："抱歉，已经没有房间了！"

推销员不解地质问服务员："我刚才看见有个人刚刚离开啊！应该还有一个房间吧！"

服务员笑一笑，回答道："抱歉，那是总统套房，暂不接客。"

推销员微笑着问道："那么假如总统来了，你们可有房间给他？"

服务员马上回答："那当然！"

推销员走上前一步，说："这就好，现在总统没有来，这么晚了，他也不会再来，你是否可以把他的房间给我？"

最终，推销员顺利住进了总统套房。

推销员巧用旁敲侧击的幽默技巧，使旅馆服务员给自己安排了房间，这是幽默与智慧的胜利，这种反击方法明显要比直言陈词高明百倍。

很多时候，人有一肚子的怒气，又不好发作，但憋在心里又实在难受，那就需要在发作之前给这些"怒气"搞些"软包装"。这种"温和"地表达强烈谴责的方式，就是"绵里藏针"。这种幽默技巧，可以用在小人物对大人物的委婉抗议中，也可以用于反击他人的辛辣嘲讽。

幽默反击的方式有很多种，所产生的效果自然也不相同。其中，运用幽默的语言进行推理式反击是一种很有力的反击方法，你可以把对方说出来的嘲讽的话语接过来，抓住其逻辑上的错或漏洞回敬过去，让对方无法反击，除了认错，别无他法。

童话作家安徒生一生都很简朴。

一天，他戴着一顶已经褪色并且有很多褶皱的旧帽子在街上行走。

一个贵族嘲笑他道："你脑袋上边的那个玩意是什么？能算是帽子吗？"

安徒生回敬道："那你帽子下边的那个玩意儿是什么？能算是脑袋吗？"

面对贵族的出言不逊，安徒生没有气愤难当，而是以幽默为武器予以还击。他做得有理有节，既给对方上了一堂"损人必损己"的课，又达到了维护自身尊严的目的。

运用这种推理式的幽默反击并不难，其要旨就是要善于抓住对方一句话、一个比喻、一个结论，然后顺其意反过来变成针对对方的语言，用演绎的逻辑返还回去，以其人之道还治其人之身。

一个城里人，碰见一农村人，向他发难："请问这位老乡，你有几个令尊？"

农村人假装不知，反问："令尊是什么意思？"

城里人狡猾地曲解："令尊就是儿子。"

农村人故作无知地反问："噢，那么请问您有几个令尊？"

城里人无言以对。

农村步步紧逼，安慰城里人说："原来您膝下无子。我倒是有两个儿子，可以过继一个给您当令尊，不知可否？"

城里人扫兴而去。

城里人自恃有几分见识，想嘲笑农村人知识浅陋，而这位农村人则以过人的智慧予以反驳，其言恭敬，却设下一个又一个陷阱，让城里人搬起石头砸了自己的脚。这位乡下人运用推理式的幽默反击，不仅为自己解了围，也维护了自己的尊严。

通常说来，幽默的原则是与人为善，妙在收敛攻击的锋芒，但在特殊情况下，却不能死守着固有原则不放，特别是在极其卑劣的人和事面前，或者对方的攻击过于激烈之时，如果你过分轻松地幽默，不但显得软弱无能，而且缺乏正义感，甚至会遭受对方更加肆无忌惮的进攻。这时，我们必须充分运用幽默的武器，维护自身的利益，让对方无力反击。

7. 用幽默搞定难缠对手

在谈判中，有时对手会固执己见，坚持一些明显不正确、不合理的要求。这时，如果一本正经地摆事实、讲道理，只能是徒费口舌。反之，如果我们能顺着对方荒谬的言辞，采取以"缪还缪"的策略，反而能够在幽默中达到自己的谈判目的。

有时候，当别人以荒谬的言论提出一些无理要求，我们又不便直接拒绝时，我们就可以采取以缪还缪的方法。我们可以假设对方的观点是正确的，然后以此为依据，用语言或者行为按逻辑顺序推出一个明显错误的结论，让对方意识到自己的错误所在。由于以谬还谬本身就具有一定的幽默效果，如果应对得当，不仅可以有力地推翻对方的命题，而且还能一展自己的幽默身手，不伤和气地胜出。

清朝时期，有一个年轻人，平时不学无术，胸无点墨，却热衷科举考试，想得个一官半职。谁知在考场上，他打开试卷一看，竟有一半多的字不认识，只好胡乱地答了一番。然后坐在那苦思冥想，如何才能让考官录取自己。焦急中，他想出了一个好办法，他在卷末标明了"我乃当朝宰相的亲妻"，想让考官大人看在宰相的面子上录取他。

这年的主考官为人耿直，看了年轻人那狗屁不通的答卷后，便气恼地随手放在一旁。突然，他发现卷末的一行文字，不禁又生气又好笑。原来，年轻人连"戚"字也不会写，竟然将字写成了"妻"。于是，主考官提起笔在卷旁批道："所以，我断不敢娶（取）！"

考生将"亲戚"写成了"亲妻"，这位主考官干脆将错就错，来个错批——"我断不敢娶"。表面意思是你是当朝宰相的妻子，我是不敢娶的。实际上是取"娶"的谐音"取"，主考官是想告诉考生，你这样的考生我是不会录取的。主考官如此妙答让人忍俊不禁。

在一些公众场合时，如果遇到的是一个蛮不讲理的主儿，他跟你胡搅蛮缠、没完没了，让你无语又伤颜面时，你也可以用以谬还谬来对付他。只要我们将对方的谬论加以利用，跟对方一起荒谬到底，我们就可以在语言的交锋中略胜一筹。

有一位大学教授，能言善辩，是一个秃顶。有一次，他参加一个晚宴，席间，有位同事不怀好意地摸着他的头顶，然后说："你头顶摸上去就像我老婆的臀部一样光滑！"

这番话引来一阵哄笑。不过，大学教授并没有恼怒，他故作疑惑地看了那人一眼，然后用手摸摸自己的头顶，说道："确实如此，摸上去真的很像你老婆的臀部！"

面对对方的无礼嘲讽，这位大学教授没有默不作声，没有进行任何辩解，更没有恶语相向，而是针对对方的攻击，以缪还缪、借力打力，顺着对方的意思往下说，一下子就能反败为胜，甚至还讨了个大大的便宜，让对方吃了个哑巴亏。

有一位吝啬刻薄的富翁，在他的别墅里，养了两条狗。

一天，富翁请了一位画家到家里来为狗画一幅生活照。他要求画家在他家美丽的花园里，描绘出狗狗们活蹦乱跳的各种神态。于是，画家花了5天时间，在他家的花园里捕捉这两只狗玩耍的动作。画好了之后，画家将自己的杰作拿给富翁看，可是富翁却借故挑三拣四，想找借口少付点钱。

富翁假装鉴定专家的样子说道："哎呀！你怎么没有画狗屋呢？"

画家一愣："狗屋？"

富翁说："是啊！狗屋是狗的家，不画狗屋怎么行？"

画家无奈地说道："好吧！我将画改过后，明天给你送来。"

第二天，画家将修改好的画给富翁送来。

画家又挑剔地说道："怎么只有狗屋，我的狗呢？"

这时，画家泰然自若地回答道："因为我们现在正盯着它们，所以它们躲进狗屋里不出来了。你先挂在墙上，过些时候没人注意，它们就会出来了。现在，请您付钱，谢谢。"

画家的回答虽然显得有些荒唐，但是以此来回应富翁前面提到的荒唐的要求，却不失为一种良策。同时，也让富翁哑口无言，再无反击余地。

以缪还缪式的幽默就是这样，不仅可以巧妙地化解尴尬，同时，还可以征服别人，何乐而不为呢？如果遇到类似的局面，你不妨试试看，也许就会让你有所收获。

8. 借助幽默自圆其说

在生意场上，我们时常会遇到各种不同状况，例如，当对方直指我们的不足时，如果直言反击，必然会影响双方的合作关系；如果沉默不语，就会使得自己在合作中处于被动状态。为了不伤和气，又能维护自己的利益，我们不妨借助幽默的语言自圆其说，在幽默中解决问题。

在与人沟通时，如果没有自己的主见，遭到别人的指责或批评就不停地改变自己的言辞，不但浪费时间和口舌，还往往令自己陷入困境。相反，如果我们采用以不变应万变的方法，坚持自己的观点和想法，不但能省掉许多麻烦和困扰，顺利解决各式各样的问题，还能产生出奇制胜的幽默效果。

一个山里人在树下休息，一个正在此处旅游的富翁走过来对他说："你怎么不上山砍柴？"

山里人说："砍柴干什么？"

富翁答："赚钱啊。赚到钱你就可以买头毛驴，再挨家挨户地卖柴火。然后，你就再买辆卡车，然后买木厂卖木器，再买更多的卡车，那样就可以发大财。"

山里人问："发财干什么？"

富翁答："发了财，你就可以逍遥自在地享清福了。"

山里人说："我现在不是就在享清福吗？"

生活的本质，必须要从生活的实践中去体会、去总结。或许山里人所看到的也并非生活的本质，可是，山里人冷静的态度和他那以不变应万变的幽默言谈，一定能促使富翁更加深刻地感悟生命、思考生活。

一次，国会议员通过了某个法案，而马克·吐温觉得那法案是荒谬不合理的。于是，他在报纸上刊登了一个告示，上面写着："国会议员有一半是浑蛋。"报纸出版后，许多抗议的电话打了进来，国会议员们自然不承认自己是浑蛋，要求马克·吐温立刻更正。

于是，第二天马克·吐温又刊登了一个更正："我错了，国会议员有一半不是浑蛋。"

从字面上看，马克·吐温的声明在遭到国会议员的反对后，确实更正了错误。然而实际上，他所要表达的观点丝毫没有变化，只是表达形式不同而已。而且，马克·吐温通过这两种表述方式的置换，一针见血地指明了对方的错误。

一个善用幽默的人，不管对方怎么变换角度挖苦刁难，他都能通过调侃对方或调侃自己找到有利于自己的理由，从而营造出轻松的、愉悦的幽默氛围。

马雅可夫斯基是苏联一位著名的诗人，他不仅才华横溢，而且为人刚正不阿，因此得罪了不少人，这些人总是处心积虑地想挖苦、讽刺他，想让他当众出丑。

一次，马雅可夫斯基在演讲时讲了一个笑话，台下忽然有人大声地喊道："快停止吧，你讲的那些笑话是什么东西，我完全听不懂！"但是，马雅可夫斯基并没有生气，而是温和地问道："你莫非是长颈鹿？长颈鹿的脖子那么长，只有它们才可能星期一浸湿了脚，到了星期六才能感觉到。"

很快，又有一个人拼命挤到前面，指着他说："你这个自以为是的家伙。你可知道，拿破仑有一句名言'从伟大到可笑，只有一步之遥'！"

马雅可夫斯基用手指着自己，说道："亲爱的先生，你说的一点不错，你和我只有一步之遥。"

到了自由交流环节时，有许多人开始向他提问，要求他回答问题。

一个人问："马雅可夫斯基，你为什么喜欢自夸？"

马雅可夫斯基答："我的一个同学舍科斯皮尔经常劝我，'你只讲自己的优点，缺点留给你的朋友去讲'！"

又一个人说："马雅可夫斯基，你怎么评价自己的诗的？在我看来，你的诗不能使人沸腾，不能使人燃烧，不能感染人。"

马雅可夫斯基无奈地耸耸肩，回答道："亲爱的同志，我想声明一下，我的诗不是大海，不是火炉，更不是鼠疫。"

这时，一个人从座上站起来喊道："这句话您在哈尔科夫已经讲过了！"

马雅可夫斯基用目光扫视了一下大厅，笑了笑，接着说道："看来，这位同志是来作证的。您到处陪伴着我，这令我十分感动。"

在面对众多的指责与刁难，马雅可夫斯基借助幽默的语言自圆其说，不仅有力打击了对方的嚣张气焰，也维护了个人的尊严和自身形象。

在生意场上，与合作者或竞争者沟通，我们一定要培养自己善于运用幽默、自圆其说的能力，如此，才能更好地维护自身的利益，使其在合作或谈判中胜出。

9. 把握好幽默的尺度

商场就像战场，在强手林立、竞争激烈的生意场上，如何赢得顾客，使生意越做越大，这里面很有文章。发挥机智、巧用幽默是很多推销员的秘密武器，它能帮推销员赢得顾客的信赖，使每次推销都能马到功成、生意兴隆。但是，在运用幽默的时候，你一定要把握好尺度，否则，运用不当或过犹不及，都会影响你在商场上的成败。

在商场上运用幽默时，我们首先要考虑适用的场合。因为在某些特定的场合是不适合幽默的，如严肃的会议上，庄重的活动中等。这时候，如果你完全不考虑场合，讲些自以为是的幽默话，与现场的气氛不搭调，那旁人只会对你的言行不屑一顾，甚至还会对你产生反感。相反，如果我们留心观察，在适宜的场合开一个适合的玩笑，不仅能愉悦对方，还能增加你在对方心中的印象分。

在生意场上，我们不仅要选择正确的场合讲幽默，还要选择正确的对象。如果我们在适当时机对一个懂得幽默的人开玩笑，就能使双方在愉快的氛围中进行合作。

在商店的橱窗前，有一位秃顶的先生漫无目的地闲逛。有个店员向他打招呼："先生，买顶游泳帽吧，能保护您的头发。"

这位顾客说："真是笑话！我这几根头发不用数都清楚，保护个啥？"

店员说："可戴上游泳帽，别人就没有机会数您的头发了。"

顾客笑了，想想这话确实在理，就买了一顶。

顾客之所以会发生从不买到买的转变，就是因为店员掌握了顾客心理、巧用幽默语言。可见，在经商过程中，如果我们能将幽默用于对的人，那么，就能促使客户果断下单。

真正好的幽默是真情实感的自然流露，是严肃和趣味间的平衡。当我们运用幽默的时机、地点乃至言辞不当时，都可能伤害别人的自尊与情感。所以，在运用幽默的时候，我们一定要慎用言辞，不要伤及别人的自尊和情感，让场面变得十分难堪。

某酒店的服务员张飞是一个大大咧咧的人，平时不太注重个人形象，尤其不爱刮胡子，总是显得邋里邋遢。为此，张飞多次被主管点名批评，但他太懒了，恶习难改。

这天，主管找张飞谈话，劈头就问："小张，你知道你身上最锋利的是什么呀？"

张飞愣了一下，掏出钥匙说："应该是这把水果刀吧。"

主管摇了摇头，说："我看是你的胡子。"

张飞不解地追问："为什么？"

主管耸耸肩，回答道："你这么厚的脸皮都能穿透，它的穿透力自然特别强。"

等张飞反应过来后，他的脸顿时变得通红。

由于该主管在开玩笑时欠缺分寸，结果不但没有劝说成功，反而使张飞的自尊心受了伤害，影响了上下级之间的感情。鉴于此，我们在使用幽默时要进行严格的推敲，要有所节制，把握好分寸，尽量避免嘲讽和挖苦人。

这里还需要注意的是，如今，随着人们思想观念的不断开放，现在很多人似乎对黄色笑话特感兴趣。如果说，这类笑话作为一种特殊的幽默语言艺术，可给人们带来笑声，让人们体味到另一种生活的话，我们无可厚非。但是，在讲笑话时，一定要注意时间场合，多说些健康的或者具有哲理意义的言辞，摒弃那些庸俗、肉麻的话题。只有在那些恰如其分的幽默面前，大家才能笑得开心，更活得开心。

孟子曾经说："爱人者，人恒爱之；敬人者，人恒敬之。"幽默的过程就是一个感情传递的过程，如果借幽默来达到对别人冷嘲热讽、发泄内心厌恶和不满情绪的目的，那么这种玩笑就不能叫作幽默。尤其在对手如林、竞争激烈的商场上，我们在运用幽默时，一定要细心观察、谨言慎行，否则，稍不留神，就会被踢出局。

10. 幽默地让对方下订单

一家银行的总经理和人事部经理正在给一批刚录用进来的大学毕业生开会，发现其中有不少留长发的男子。为了使这些留长发的毕业生都剪短发，人事部经理在致辞时是这样说的："诸位，我对头发的长短问题，一直以来都持豁达的态度，诸位的头发长度只要在我和总经理的头发长度之间就没有问题了。"

大家立刻把目光投向经理，只见经理面带笑容站起来，等他摘下帽子后，露出的竟然是一个大大的光头。

人事部经理的本意是要求新进职员都剪短发的，但是，他没有直接说出来，而是采用了欲擒故纵法：从表面上来看，银行对于头发长短问题一直都持"豁达的态度"，这是"纵"；实际上，却要求"诸位的头发长度只要在我和经理先生的头发长度之间就没有问题了"，这就是"擒"。

"欲擒故纵"是三十六计之一，它一方面，大大增加了话语的幽默感，从而使自己的要求更容易被对方所接受；另一方面，先放后收的表达方式，使对方不好直接讨价还价，只得照办。

在推销商品时，推销员不妨采取欲擒故纵这一策略，先让客户尝到甜头，等客户割舍不掉时，再转入正题，最终客户便会心甘情愿地下单。

一战时期，美国有一位叫哈利的大富翁。他从15岁时就在一个马戏团当童工，负责叫卖柠檬冰水。有一次，他在马戏开始前，为每一位观众免费赠送了一包花生米。由于花生米比较咸，一些观众吃后便觉得口渴。就在这时，哈利再提着爽口的柠檬冰水挨座叫卖，几乎所有拿过免费花生的观众都买了他的柠檬冰水。就这样，他的柠檬冰水全部卖光，而且还赚回了花生米的本钱。

在与客户沟通过程中，有些推销员往往急于销售商品，急于把生意做成功，最终"欲速则不达"，无功而返。大富翁哈利所采用的就是"欲擒故纵"营销之术，他为了销售柠檬冰水，先"放出"一包花生，最终连本带利全部收回。

在现代市场营销中，采用欲擒故纵营销之术的案例比比皆是。

　　某食品公司在端午节来临之际，向全市各大经销商及众多企事业单位免费送去粽子，等粽子有了一定的消费者和市场基础后，他们立即停止免费赠送行为，开始光明正大地收钱。虽然这种月饼的价格较高，但却给一些品尝过的消费者留下了深刻的印象，购买的人仍然非常多。

　　一个大型商场正在开展一款新型饮水机的销售活动。这款饮水机不仅款式新颖、方便实用，而且价格还很低廉，一时间吸引了众多消费者。经过销售人员的现场讲解、示范后，当场就有许多消费者掏钱购买。

　　而就在这些消费者准备离开时，销售员又开始说道："这种饮水机虽然可以把自来水烧开，但如果有一个净水器的话，所饮用的水会更安全、更卫生，非常有利于人体健康。"

　　销售员的一席话让购买饮水机的消费者立即停止了脚步，有人开始询问净水器的情况。这位销售员告诉消费者，这种净水器与刚才的饮水机是配套生产的，目前只有该商场一家经营。虽然这款净水器的价格有些高，但是，健康是头等大事，很多消费者最后又再次掏钱购买了净水器。

　　其实，欲擒故纵的营销术就是一种心理战术，只要你抓住了消费者的心理，那么，你也就抓住了商品销售的机会。无论是粽子生产商还是饮水机的经销商，他们都抓住了客户的心理，一开始就抛出了诱人的条件。因为他们知道，如果一开始能以诱人的条件让客户心动，过后再提出附带条件，客户即便感觉有些损失，也往往会欣然接受。

欲擒故纵是一种有效促进销售的策略，销售人员在运用这种销售策略时，需要注意以下几个问题：

（1）给客户以希望，让客户主动与你沟通。

（2）以优厚的条件诱惑对方，再让对方接受其余的附加部分。

（3）暂时回避不便回答的问题，巧妙置换谈话主题。

（4）适当时机可以佯装告辞或者结束谈话反而会促进成交。

（5）可以制造短缺的假象，影响客户的购买行为。

（6）使用这种迂回战术要不露痕迹，否则会适得其反。

在商品价格较高不易被客户接受或者商品不宜销售的情况下，欲擒故纵式的幽默往往能在愉悦的氛围中达成目的。但是，要想发挥好这种幽默技巧，关键就在于处理好"纵"与"擒"的关系。

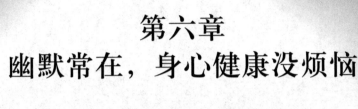

第六章
幽默常在，身心健康没烦恼

生活中多一些幽默对自己和他人的健康都有益处。医学研究表明，幽默是一种积极的心理疾病预防形式，幽默可维持人的心理平衡，能够调节人的神经中枢，增强血液循环，有利于排泄积郁，解除疲劳和烦恼。所以，有幽默感的人比不懂幽默的人身心更健康。

1. 自我放松，幽默解压

随着社会竞争的日趋激烈和生活节奏的加快，现代人在工作和生活中往往会面临着各种压力，久而久之，让人不堪重负。然而，多数人对于这种压力并没有给予足够的重视，总认为在工作和生活中有压力是自然的事，不需要对压力进行适当的排解。长此以往，不仅影响了工作，也失去了健康的身体。其实，缓解压力的方法非常容易，只要一个小幽默，阳光般的微笑便可化解来自工作和生活的压力。

在竞争激烈的商战中，巧用幽默的语言，不仅可以缓解人们在竞争中的压力，还能使紧张激烈的竞争氛围变得融洽和谐起来。

有两位保险公司业务员在一位大客户面前争相夸耀自己的保险公司的付款速度。

第一位业务员说："我们保险公司十次有九次是在意外发生当天，就把支票送到保险人手里。"

"那算什么！"第二位业务员取笑说，"我们公司在商务大厦的第20层，这栋大厦有40层高。有一天，我们的一个投保人从这栋大厦的顶楼跳下去了，当他经过23层时，我们就把支票交给他了。"

第二位业务员的一个小幽默，吸引了这位大客户对其公司的保险业务的关注，让他顺利签下了这个大单，同时，也让他的竞争对手输得心服口服。

很多人把商场比作没有硝烟的战场，其实，许多剑拔弩张、一触即发的场面，都可以因为一念之间的幽默而冰释前嫌。

在紧张忙碌的职场，我们往往背负着较大的生存压力，如果处理不好，不仅会使我们失去就职机会，甚至还会使我们丧失工作的积极性，最终使压力变成阻力。这时，我们就应该怀着积极乐观的心态，借助幽默为自己赢取就职机会，也为自己和同事营造出一个轻松愉快的工作氛围。

某大型国有企业招聘员工，考官面试了10多个应聘者，都很不理想，到了最后一个应聘者，考官不抱任何希望对其展开提问。

考官："你能为了企业更多地奉献自己吗？"

应聘者："不能。"

考官："对不起……"

应聘者："但我能让消费者更多地奉献自己。"

考官："很好，你被录取了。"

某外企由于受经济危机的影响，一直没有给员工发奖金。

中午休息的时候，大杨在办公室里感慨："现在日子不好过啊，压力大啊，真是恨不得把一块钱掰成两半花。"

同事小泉听了，一本正经地对大杨说："哥们儿，别费那劲了，我早就试过了，根本掰不动。"

小泉的一句话，让整个部门的同事哈哈大笑。

凭借一句轻松的幽默，不仅能为自己赢得就职机会，还能让有些压抑的办公室气氛变得轻松愉悦起来。所以，在面对职场生存压力时，我们应该尝试着用幽默来减压。

职场上的工作竞争压力很多时候是无法避免的，因此，当我们回到家里，就需要把我们的家营造出一种和谐、轻松的氛围，如此才可以让我们的身心压力得以释放。

小丽与小鹏结婚后发现小鹏的控制欲特别强，什么事情都要管，不管是自己的工资、社交，甚至是电话，小鹏都要过问，这让小丽倍感压力。

一天，正逢家里来客人，小鹏对小丽一顿指挥，这让小丽心里很不舒服。就在他们夫妻二人打算一起到门口迎接客人时，小丽对小鹏说："亲爱的，麻烦你告诉我应该先迈哪只脚呢？"

一句话问得小鹏哭笑不得，使他很快意识到自己对妻子管得过严。从这以后，小鹏再也不过多干涉小丽的正常生活了。

假设一下，如果小丽不是在恰当的时机选择了一种幽默的方式，将夫妻间紧张关系的压力化解于无形，而是为了摆脱这种压力与小鹏争吵，那么，最终他们夫妻之间很有可能就会陷入婚姻的危机。

不仅是成年人有各种压力，学生们也常背负着沉重的课业压力。在残酷的竞争面前，学生要想经得起这些压力的考验，有必要运用幽默方式进行自我调节。

还有一个月就要高考了，大家都在教室里紧张地复习功课，谁也没有闲工夫去闲谈搞笑。就在这时，教室里突然发出一声"哐当"的巨响，最后一排的小森因座椅坏了而摔倒在地。就在大家不知所措回头看时，小森自言自语道："唉，难道是学习给它的压力太大了？"全班同学顿时被他的幽默逗得哄堂大笑。

在严峻的高考压力下，大部分学生都苦不堪言，而小森却能苦中作乐，足见小森的自我调节力有多强。更值得称道的是，他的这种幽默不仅调节了自己的情绪，还愉悦了其他同学。

无论压力来自哪一方面，在无法避免的情况下，智者往往能将压力转化为动力，聪明的人通常能将压力化解于无形，而愚笨的人则只能终日饱受压力的困扰。对多数人来说，成为智者并不容易，那我们就努力做一个聪明的人吧！在生活中多多地自我幽默、自我调节，让自己轻松快乐地度过每一天。

2. 幽默为你缓解疲劳

在当今竞争异常激烈的社会，工作压力已经成为上班族的主要压力，如果能处理好这方面的压力，那么压力有可能转化为动力，但如果处理不好，就会使人心烦意乱，失去工作的积极性，压力就会成为阻力。因此，为了提高工作效率，使自己工作轻松一些，可以采取自我调节的方法来缓解一下工作压力。

幽默作为自我调节方法中重要的一种，它能帮助我们消除因工作带来的紧张，驱逐挫折感，解决问题。

马氏一家人专门从事危险的行业，就是用炸药毁坏旧建筑物。我们可以理解他们做这一行工作，心理上会有多紧张。但是马氏一家人用幽默力量来消除紧张——常和当地记者聊天，说些荒谬的故事。有一次在大爆破工作之前，新闻记者问他如何处理飞沙和残砾？马明一本正经地解释道："我们向一个生产包装袋的公司订制了一个特大的塑料袋，然后用直升机在大楼上空把它扔下来。"

记者为这虚构的笑话笑弯了腰。而第二天马氏兄弟从报上读到这一则新闻时，也发出阵阵笑声，放松了紧张的心情。

幽默的语言可缓解人们在工作中的紧张情绪。用它来缓解工作压力，会比一些抽象的理论更奏效，显示出幽默的最佳效能。有时候，与同事开开玩笑也能缓解工作中的压力。

我们向同事开玩笑，与同事一同笑的过程中，缓解了工作压力，同时也用幽默帮助同事用轻松的心态工作。有时候，一个职员要负责的工作种类很多，头绪纷杂，很容易因工作压力过大而产生烦躁情绪。这时候他们尤其需要幽默的帮助。

小文是一家大公司的总经理助理。她得应付访客、电话、同事和老板。空闲的时候，还必须打字。有时，某些自以为是的人来电话，还会给她出难题。

有个人在电话中对她说："我要和你的老板说话。"

"我可以告诉他是谁来的电话吗？"小文问。

"快给我接你的老板。"来电话的人坚持道，"我现在马上要和他说话。"

"很抱歉。"小文温婉地说，"他花钱雇我来接电话，似乎很傻。因为十个电话中有九个是找他的。"

来电话的那个人笑了，然后把他的名字和电话号码告诉了她。

小文巧用幽默，恰当地回绝了电话那端的无理要求。幽默可以在帮助人们缓解工作压力上起到一定的作用，但是幽默不是万能的，造成工作压力的原因也是多种多样的。因此，想要缓解工作压力，除了运用幽默技巧外，还要注意运用其他一些科学、正确的方式。

专家建议，经常加班的工作者，应有充足的睡眠、注意饮食规律，在进行体育锻炼时尽量选择一些强度小同时又愉悦身心的活动，如散步、跳舞等，从而达到平衡心态的效果。

3.　幽默心态，摆脱烦恼的困扰

在漫长的人生旅途中，我们每个人都会遇到或大或小的烦恼。在面对生活中的种种不如意时，我们通常会不断去反思、自责，久而久之，就会导致心理失衡，闷闷不乐、郁郁寡欢，满腹牢骚或怒发冲冠。如果我们让这种焦躁的情绪一直持续下去，那么，我们的生活将会陷入混乱之中，进而产生一种恶性的情绪循环。

要想摆脱烦恼的困扰，我们就要以幽默的心态去看待人生的不如意。英国著名作家威廉·萨克雷曾说过："生活是一面镜子，你对它笑，它也会对你笑；你对它哭，它也会对你哭。"幽默的力量在于，它能使人领悟到失意或烦恼的真谛，积极创造新的气氛，从而达到心理平衡。

一个日本旅游团来到我国江南地区旅游，当时正值梅雨季节，外宾觉得很扫兴，然而，幸运的是，他们遇到了一个善解人意、风趣幽默的导游。

导游在车上用日语说："你们把雨从日本带到中国来

了，可雨在车外；你们把东京的太阳也带来了，它就在车厢里。"

妙语既出，一片掌声。

在旅游的过程中，有位老太太在游西湖时，由于路滑摔倒了，裙子被划破了，泄气地坐在了地上，嚷着要回日本。

只听导游和颜悦色地对那位老太太说："您老别生气，这是西湖有情，它请您停下匆忙的脚步，想让您多看它几眼呢！"

简单的一句话，疾风般吹散了老太太脸上的"愁云"，使她恢复了兴致，继续跟团前行。

在面对上述诸如天气等情况，在没有力量改变现状的情况下，最好的办法莫过于一笑置之，做洒脱状。

有一位将军，在化疗期间，他的头发都掉光了。在一次庆功宴会上，一个年轻的士兵不小心将一杯酒全泼到了将军头上，全场顿时鸦雀无声，士兵也悚然而立，不知所措。这位将军看了看四周，拍着那位士兵的肩膀说："小兄弟，你认为这样做就能让我的头发重新长出来吗？"

紧接着，宴席上顿时爆发出了笑声，人们紧绷的心弦松弛了下来，将军也因他的大度和幽默而显得更加可亲可敬。

爱迪生在一次远行途中，被人打了一记响亮的耳光。就是这一罪恶的耳光，导致了爱迪生后来的耳聋。但是，这位伟大的科学家对自己的缺陷却不以为然，他以幽默的口吻说："正是耳聋都我杜绝了跟外界的无聊谈话，使我能更加专心地工作。"

伤残疼痛在普通人眼中是那样的苦不堪言，但是，对于有志之士、有识之士来说，只要以乐观心态去面对，就能改变生活。因为幽默豁达不仅拓宽了一个人的心胸，还能让我们在痛苦中收获欢乐，让我们生活得更自信、更坦然。就像著名作家罗曼·罗兰说说："命运是痛苦的，但生活是快乐的。"

赫鲁晓夫天生是个光头，他年轻的时候当矿工，有一天矿主嘲笑他说："你的光头大概是因为出生时营养不良造成的吧？"赫鲁晓夫略一沉吟，机敏地驳斥说："不，这是我那母亲的伟大杰作！因为她看到当今世界上黑暗面太多了，特意让我给大家送来一点光明。"

据说每一个人都是受上帝垂爱而被他咬过的一个苹果，所以，每个人都是有缺陷的。而有的人之所以比别人有更大的缺陷，那是因为上帝更喜欢那个人而大大地咬了他一口的缘故。面对人生的残缺，如果我们都能这么想，相信每一个人都会活出赫鲁晓夫一样豁达的人生。

有一个男子，多年来省吃俭用买了一辆新车，却不小心发生车祸，车的尾部受损很严重。男子看着伤痕累累的新车，自言自语道："唉，我以前总说，要是有一天能有一辆车就好了。现在我真有了一辆车，而且真的只有一天！"周围的人听了都哈哈大笑。

对这个男子而言，车已经撞坏，难过痛苦也是于事无补。于是，他选择了以幽默来应对。几句轻松搞笑的话语，既安慰了自己，减轻了郁闷和痛苦，也博得周围人的笑声和对他的赞叹。

在人生道路上，挫折和失败在所难免，如果抵抗挫折的心理能力得不到提高，那么，焦虑和紧张的情绪就会一直困扰我们的身心。反之，如果你能以幽默的心态去面对生活中的挫折，那么，痛苦就会离你越来越远。让我们永远记住古人的话："应世法，微微一笑。"

4. 幽默助你驱走苦闷

在不尽如人意的生活中，幽默能帮助你排解愁苦，减轻生活的重负。用幽默的态度对待生活，你就不会总是愤世嫉俗、牢骚满腹，你也能通过这种幽默的方式学会苦中作乐。

从困境中寻找快乐是一种愿望，但这个愿望的实现需要借助相当勇敢的、超乎常人的丰富的想象。但是，有了这样的想象而不善于在想象中借助偶然的因素来构成某种荒谬的推理，也就很难成功地运用幽默的艺术。而荒谬之妙，就在于荒诞的逻辑性。

荒谬的逻辑性可以归结为一句话，即"无理而妙"，越是幽默，道理也就越是讲不通。

美国成功的剧作家考夫曼，20多岁的时候就挣到了一万多美元，这在当时对他来说是一笔巨款。为了让这一万美元产生效益，他接受了自己的朋友、悲剧演员马克兄弟的建议，把一万美元全部投资在股票上，而这些股票在1929年的经济大萧条中全部变成了废纸。但是，考夫曼却看得很开，他开玩笑似的说："马克兄弟专演悲剧，任何人听他的话把钱拿去投资，都活该泡汤！"

考夫曼股票投资的失败是美国经济危机造成的，而他却充分发挥了他剧作家的想象力，把原因归结到他股票投资的建议者马克兄弟身上，荒谬地说是因为马克兄弟专演悲剧才造成了他投资失败的悲剧。面对那么一大笔损失，考夫曼没有真正怨天尤人，而是运用了假托埋怨、苦中作乐的方法面对这种财产损失的痛苦和困境。

你有没有因为自己的年华逝去而惆怅不已？当自己越来越老的时候，幽默的人会说："我并不老，才到人生盛年而已。只是我花了比别人更多的时间才到盛年。"你有没有曾经因为自己不能拥有令自己满意的容貌、身高而苦恼不堪？

没有人会因为自己容貌丑陋而骄傲，也不会有人喜欢自己越来越老。可是面对我们不能改变的与生俱来的东西我们可以换一种心态来对待，我们要学会苦中作乐。上面这些痛苦都是可以预料到的，不可避免的，而有时候，危险会从天而降，痛苦会突如其来，那时候你是否还有苦中作乐的从容心态呢？

有一位销售员，他攒钱攒了好几年，好不容易买了一辆新汽车。有一次，他教太太开车，下坡时，刹车突然失灵了。

"我停不下来！"他太太大叫，"我该怎么办？"

"祷告吧！亲爱的。"销售员也大叫，"性命要紧，不过你最好找便宜的东西去撞！"

车撞在路旁的一个铸铁垃圾箱上，车头撞坏了。然而他们爬出车子时，并没有为损失了一大笔财产而沮丧，反而为刚才的一段对话大笑起来。目睹的行人以为他们疯了，要么就是百万富翁在以离奇的方式寻找刺激。有人走过来问："你们想把车子撞坏吗？"销售员说："我太太看见了一只老鼠，她想把它压死。"

笑是一种简单而又愉快的运动，幽默产生的时刻，也正是人的情绪处于坦然的时刻。所罗门王的许多名言都告诉我们，幽默和健康是分不开的。例如"心中常有喜乐，身体常保健康"。古罗马人相信笑应该是属于餐桌上的，因为笑能促进消化。学会了苦中作乐，你就窥见了通向身心健康的门径。

5. 无价幽默，减轻病痛的奇药

　　英国著名的化学家法拉第，由于长期紧张的研究工作而患上头痛、失眠等疾病，经过多年医治，始终未能根除，健康每况愈下。后来，他经人介绍，请了一位高明的医师，经过详细询问和检查，这位医师给他开了一张奇怪的处方，没写药名，只写了一句谚语："一个小丑进城，胜过一打医生。"

　　起初，法拉第对这个处方百思不解，后来，他逐渐悟出其中道理，便决心不再打针吃药，而是经常到马戏团去看小丑表演，每次都是大笑而归。渐渐地，他的紧张情绪逐渐松弛，不久，头痛、失眠的症状也随之消失了。

　　这就是"一个小丑进城，胜过一打医生"的谚语的典故，说明了幽默对治疗疾病的重要性。据美国芝加哥《医学生活周报》报道，美国一些医院已经开始提供"幽默护士"，陪同重病患者看幽默漫画及谈笑，把它作为一个心理治疗的方法。

　　在实际生活中，很多看似生理方面的疾病其实主要都是因心理问题引起的。所以，要想治疗病痛，仅依靠药物治疗，往往达不到治疗目的，必须采用心理疗法，而最好的心理疗法就是积极地运用幽默。

　　幽默产生的最直接的结果就是"笑"。笑相当于一种运动，它可以防病、治病。人们在笑声中，呼吸运动加深，扩大肺活量呼吸系统通过震动把废物清除出去。人们在笑声中，胃的体积缩小，胃壁的张力加大，位置升高，消化液分泌增多，消化功能增强。心跳与血流速度加快，面部和眼球血流供应充分，使面颊红润、眼睛明亮、容光焕发。更重要的是，笑使人的烦恼顿时消除，内疚、抑郁等不良心境得到调解，紧张的神经也随着欢笑而松弛。

还有一些科研结果表明，笑能刺激脑部产生一种使人兴奋的荷尔蒙，它一方面能促使身体增加抵御疾病的能力，另一方面还能刺激人体分泌一种叫"因多芬"的物质，这是人体自然的镇静剂。这样，就能减轻由于疾病而引发的痛苦。

有一位老先生病了，一个人到医院去做检查。医生为他彻底检查完了之后，十分悲哀地告诉他："你的健康状况糟透了！您腿里有水，肾里有石，动脉里有石灰……"老先生接口道："现在您只要说我脑袋里有沙子，那么我明天就可以盖房子了！"

客观来说，疾病确实会给人带来极大的痛苦和打击，但是，一个具有超脱、潇洒的生活态度的人，却不会因此而失去生活的希望和欢乐。

有一位老教授，身患重病，医生诊断他最多能活一个月。但是，他仍然很乐观地面对自己的病痛。有一天，一位老友前来探望他，他却很风趣地调侃自己的病。

他说："人的一生就是'呱呱地生，快快地长，慢慢地老，悄悄地死'。"

他做了胆囊手术，他说："我原有的小小的胆去掉了，现在浑身都是胆了。"

胃被切除，他说："现在我是'大无畏（胃）了'。"

他一个眼睛不好，他说："我是'看问题一目了然'。"

他每天吃了很多东西，但是体重不增加，他说："我是'大进大出，两头在外。'"

医院要他定期做检查，他说："我被'双规'了。"

正是凭借这样幽默乐观的心态，这位老教授又奇迹般地多活了三年。

老教授之所以能够奇迹般地多活三年，与他的幽默乐观的心态是分不开的。可见，幽默不仅能为别人带来欢笑，更能激发自己的生存意志、康复的能力，进而增强自身精力、战胜病痛。正如所罗门王所说："心中常有喜乐，恰如身体常保健康。"

在一个有众多名流出席的晚会上，已失去昔日风采，鬓发斑白的巴基斯坦影坛老将雷利挂着拐杖蹒跚地走上台来就座。

主持人问："您还经常去看医生？"

雷利回答："是的,常去看。"

主持人问："为什么？"

雷利回答："因为病人必须常去看医生,医生才能活下去。"

此时，台下爆发出热烈的掌声，人们为老人的乐观精神和机智语言喝彩。

主持人接着问："您常去药店买药吗？"

雷利回答："是的，常去，因为药店老板也得活下去。"

台下又是一阵掌声。

主持人又问："您常吃药吗？"

雷利回答："不，我常把药扔掉，因为我也要活下去。"

台下又是一阵持久的笑声。

雷利与主持人的对话幽默提神，令在场的人对精神常青的雷利肃然起敬。

可见，身体健康的重要保证就是"心乐"，一个人有了健康的心理，才会有健康的身体，幽默常在、精神开朗，身体就容易康复；反之，如果忧愁悲伤、萎靡不振，疾病就会乘虚而入。

6. 幽默人生，寻回快乐的自己

对于大多数人而言，童年的时光一定都是最快乐难忘的，那时候的我们一无所有却无忧无虑，也无须承担任何责任与压力。然而，随着年龄的增长，我们在追求成功的路上，往往会遭遇一些挫折和困境，而且我们肩上要承担的责任与压力也会越来越多。在这些苦痛与重压之下，我们开始变得意志消沉，渐渐失去了童年的快乐，再也找不回当时快乐的自己。

难道这就是我们想要的人生吗？难道我们的人生就这样沉闷下去吗？当然不是，面对人生的苦闷，我们最需要的就是承受这一切的勇气。而幽默，恰恰可以提高我们驾驭这种生活的能力，因为幽默往往等同于坚毅、冷静、智慧、能力。只要我们能在苦闷中发现幽默，运用幽默，自然就能寻回当初快乐的自己。

在现实生活中，常有一些人因为家庭出身、容貌、身高、残疾等先天无法改变的缺陷而痛苦不堪。面对与生俱来的东西我们不能改变，不妨学会乐观与豁达，换一种心态，学会苦中求乐。

一天，爱因斯坦在纽约的街头偶遇一位故人。

故人对他说："爱因斯坦先生，你好像有必要添置一件新大衣了。瞧，你身上穿得多么旧呀！"

爱因斯坦回答说："这有什么关系？在纽约谁都不认识我。"

数年后，他们又一次相遇。这时，爱因斯坦已成为一位鼎鼎大名的物理学家，可他仍然穿着那件旧大衣。他的朋友出于关心，于是就不厌其烦地建议他去买一件新大衣。

爱因斯坦却回答："何必呢！现在，这里的所有人都认识我了。"

无论在成名之前，还是成名之后，爱因斯坦都过着非常俭朴的生活，而且对衣着外表始终淡然处之。朋友先后两次劝他换件

新大衣，可他对于穿在身上的旧大衣，以一种非常幽默的态度来
对待。正因为这种乐观态度，使他保持着良好的生活态度，而不
至于被他人的意见所困扰，也不会向艰难的困境低头。

现实生活中有些痛苦都是可以预知并无法回避的，因此，我
们接受起来往往更容易一些，而有时候，有些危险会从天而降，
痛苦会突如其来，这时候，我们也应该同样保持苦中作乐的从容
心态。

人们在生活中，难免会遭受一些意想不到的灾难和损失，然
而，借助幽默的力量，就可以减轻因灾难带来的压力。

幽默人生并没有固定的模式可以遵循，也没有那么多现成
的语言可以套用，但是，只要你积极乐观地面对生活，无论遇到
多大的挫折和痛苦，你都可以幽默起来，寻回儿时那个快乐的
自己。

7. 幽默使你超凡脱俗

在人的一生中，得失是在所难免的事。比如说，你会失去某
个重要良机、某个重要的情人等。这种生活中的变动，很容易让
人产生一种可怕的失落感。虽说时间可以治疗这种失落感，但是
人在适应失落感的过程中最容易消磨自己的意志，除非生活中出
现较大的转机，否则很难使人振作起来。

如果你拥有幽默的力量，你就能更容易地接受来自外界的任
何慰藉。用幽默的心境不断地把沉重的失落感宣泄出去，渐渐使

那些不如意在眼前消失。这也使你过得轻松自在、愉悦快乐，事业也就会成功。

用幽默的力量来帮助自己超脱尘世，摆脱种种烦恼；用幽默来增加你的活力，让生活多一点情趣，使你令人难忘，同时给人以友爱与宽容；用幽默来使自己乐观、豁达。

如果有些人不能把分内的工作做好，又对他人期望太高，要求太多时，你应该肯定地表达出你的看法，其方式当然曲折、委婉一点好。

那些有幽默感且在事业中功成名就的人是经常接受来自他人的幽默的，也常常以幽默的力量回报对方。这些人因此缩短了与他人的距离，其成功的宝座也越坐越稳。

小林在一家公司工作，他常常在工作时间去理发店。有一天，小林理发时遇见了公司领导。他想躲开，但领导就坐在他的邻座上，而且已经认出了他。

"好啊，小林，你竟然在工作时间来理发，这是违反公司规定的。"

"是的，领导，我是在理发。"他镇定自若地承认，"可是你知道，我的头发是在工作时间长长的。"

领导不高兴地说："难道都是在工作时间长长的吗？""是的，您说得完全正确，"小林回答，"所以我并没有把头发全部剃掉呀。"

我们不去讨论行为的正确与否，单就这种充满幽默力量的对答就体现出员工的信心与机智，小林相信，与自己的领导开这个玩笑是在当时处理尴尬局面的情况下最好的办法。

如果你是领导，与你的下属一起欢笑，不是以你自己为中心，而是以关心他人的方式激励其产生的幽默力量。

> 职员："先生！"
> 老板："有事吗？"
> 职员："我夫人要我来要求您提拔我。"
> 老板："好吧！我今晚回家问问我夫人是否同意。"

这就是最好的以其人之道，还治其人之身的例子。幽默的背后蕴含鞭策之意，通过对自嘲来达到激励对方积极向上的目的。

> 某领导让女秘书笔录一封信给旅行中的夫人。当她把信写好给他看时，他发现漏了最后一句"我爱你"。
> 领导："你忘了我最后的话。"
> 女秘书答道："没有忘记呀，我以为你那句话是对我说的呢！"

正如每一位下属把自己的将来交给自己的上司一样，每一位处于领导地位的人，也都把他的将来交给下属的手中。当你运用幽默力量去帮助别人更有成效时，你会发现不仅更容易将任务托付给他人，而且能让对方更自由地发展，创意进取。

幽默的力量能改善你的将来，因为你的同事会认同你、感谢你的坦诚，以及你对任何事情的趣味观点，以及你以轻松的态度面对自己的能力。

幽默的力量属于你自己，是你和你在人生中所扮演的角色所拥有的。这种力量能使人超凡脱俗，能让你自由自在地表现自己，能让你真实地说出自己的想法、表达自己的感受、表现自己的作为，让你创造出更有意义的人生。

8. 幽默是阳光生活的必备品

在两个人的面前，各放着一片面包。第一个人看了以后，高兴地说："我还有一片面包呢。"第二个人看了后，苦着脸说："我只有一片面包了。"面对同样的一片面包，两个人的态度却截然相反，积极乐观的人，在那一片面包中得到的是满足，看到的是希望；而消极悲观的人，得到的是不满，看到的是绝望。这就是心态所起的作用，所谓"境由心造"就是这个道理。一个人能否获得轻松、愉快、幸福，并不是取决于他拥有了什么、得到了什么，而在于他的内心是否存有乐观的态度。

当你觉得生活灰暗无趣时，仔细地审视一下自己的内心吧！一个消极悲观的人，是永远无法笑起来的；一个充满狐疑的人，在言谈中也难以透出暖融融的春意；一个整天心情抑郁的人，话里肯定有解不开的心结。而反观那些积极乐观的人，不管遇到什么事情，他们都会幽默地面对。这类人为人宽容，不会斤斤计较，懂得与人为善，就算被别人伤害了，他们也不会针锋相对，反而能从中发现幽默的元素，让自己的生活更丰富多彩。

有一次，萧伯纳正在街上行走，不幸被一个骑单车的冒失鬼给撞倒在地上，幸而并无大碍。肇事者急忙扶起萧伯纳，并连声道歉。萧伯纳看了看肇事者，拍拍屁股诙谐地说："你的运气真不好，先生。假如你把我萧伯纳撞死了，就可以名扬四海了。"

见萧伯纳被撞还如此幽默，肇事者不禁放松地笑了起来。

通常情况下，无缘无故被人撞倒在地，肯定会恼怒发火。但是，萧伯纳不仅没有发怒，反倒幽默地帮助对方解围，使得紧张的气氛变得愉悦起来。

一个具有幽默感的人，他的生活也必然充满了情趣，许多看来令人痛苦烦恼的事，都能够应付得轻松自如，使生命又重新变得趣味盎然。

幽默家兼钢琴家波奇，有一次在美国密歇根州的福林特城演奏，发现全场座位坐不到五成。他当然很失望。但是他走向舞台的脚灯，对听众说："福林特这个城市一定很有钱。我看到你们每个人都买了三个座位的票。"

于是这半满的屋子里，充满了笑声。

深具幽默感的人，同样也能够在人前保持最客观理性的言论态度。让他人看到自己的滑稽，同时也能在他人眼中看到另一个自我的存在。

某个开始学习马术的男子，战战兢兢地骑在马背上。那匹马突然在场内狂奔，他死命地抓住缰绳不放，但最后还是被振了下来：

"呵！这样我就放心了。"

某人在雪地上行走，不小心滑了一跤，他站起来走了两三步之后却再度摔倒，他不禁自言自语地说：

"早知道如此，当初我就不爬起来了！"

一个人的幽默感跟他的健康心态有着直接的关系，因为一个锱铢必较、悲观消极的人不可能从正面看问题，只有在积极乐观的情况下，一个人才会有从坏事情中发现积极一面的能力。

一天夜里，有个小偷进入了巴尔扎克的房间，并在他写字台的抽屉里翻找值钱的东西。这小偷有点儿不太专业，翻弄的声音太大，竟然把睡梦中的巴尔扎克给吵醒了。

"哈哈……"巴尔扎克躺在床上大笑起来。

小偷惊慌失措地问："你笑什么？"

巴尔扎克又笑了一会儿，才回答说："我的朋友，在我白天都找不出一枚硬币的抽屉里，你居然打算在黑夜中从里面找出钱来！"

巴尔扎克一生多坎坷，年轻时就已经债台高筑，经常因一点面包、蜡烛和纸张而烦恼。他一生的创作都在痛苦和贫困中度过，而且几乎得不到任何人的理解。他说："债主迫害我像迫害兔子一样，我常像兔子一样四处奔跑。"然而，就算在这样艰难的生活条件下，巴尔扎克仍然保持着一颗积极向上的心，让自己笑对生活和人生。在他的作品中，虽然可以看到最辛辣的讽刺，但也能看到他的讽刺都包裹着一层幽默的外衣，使读者在欢笑之余领悟真谛。

幽默，是一个让我们摆脱外界烦恼，从内心里快乐起来的重要法宝。诚然，这种乐观的心态很难一直维持下去，但只要你愿意尝试，从点点滴滴做起，就能让自己变得越来越乐观。

培养幽默感，也就是培养处世、生存和创造的能力。有较强生存能力的人，通常也是一个有影响力和感染力的人。在日常生活中，如果你细心观察，你会发现，与缺乏幽默感的人相处会感到枯燥无味，甚至有一种压力，而与幽默的人相处，在任何无聊的场合下都会使你感到愉快。

卓别林常被邀请参加一些宴会，尽管他对此并没有多大兴趣，但无奈之下只好硬着头皮应付。在一次宴会上，卓别林闲来无事，跟侍者要了一把苍蝇拍，追打一只在他头上飞的苍蝇，可拍打了好几下都没有打中。不一会儿，一只苍蝇在他面前停下了，卓别林举起了苍蝇拍，正准备给它致命的一击，忽然，停住了动作。

周围人问："为什么忽然停手了？"

卓别林耸了耸肩膀说："它不是刚才缠着我的那一只。"

通常情况下，应付对所有人来说都是一种煎熬，但是，卓别林却别出心裁，自己拿自己逗趣，使聚会现场的气氛变得风趣无比。

生活中，我们也免不了要跟卓别林一样参加些无聊的聚会，与其痛苦地坐在一边忍受煎熬，还不如给自己找点儿乐子，顺便也能娱乐一下大家。

人生不如意事十之八九，如果我们总是唉声叹气，生活必然一片灰暗。如果我们能够换一种心态，见缝插针地运用幽默调侃一下生活，那么，我们的生活就会充满阳光和希望。

9. 幽默常在，精神开朗

在实际生活中，当你患病住院或遭受意外伤害时，幽默能帮你减轻痛苦。即使在最简单的情况下，你的幽默也能帮助你改变生病时的烦闷心情。这一点你可以向下面这位生病的老妇人学习。她在幽默的诉说中减轻了自己的痛苦，也宽慰了朋友。

有一位老妇人在雪地上滑了一跤，不但左臂骨折，更让她痛苦的是肩关节脱臼；但她还是能够笑着对朋友说："如果你有机会滑跤，宁愿跌断手臂，也要护住你的肩膀。"

的确，疾病对人的打击并不是一件小事，但一个有超脱、潇洒的生活态度的人却不会因此而失去生活的希望和欢乐。

幽默和"笑"是密不可分的。"笑"是幽默的产品，而关于"笑"的功能，外国人说，"快乐的微笑是保持生命健康的唯一药方，它价值千百万，但却不要一分钱"。中国人说，"笑一笑，十年少"，"笑口常开，百病不来"。有这样一个故事：

> 传说我国清朝有位八府巡按，长期患一种忧郁症，看了许多医生，都未见效。一天，他因公坐船经过山东台儿庄，忽然犯了病，地方官员即推荐一名当地有名的老医生为他治病，医生诊脉后说："你患了月经不调症。"巡按一听，顿时大笑，认为他是老糊涂了。以后他每想起此事，就要大笑一阵，天长日久，他的病竟自己好了。过了几年，巡按又经过台儿庄，想起那次治病之事，特意来找老医生，想取笑一番，老医生说："你患的是忧郁症，无良药可治，只有心情愉快，才能恢复健康，我是故意说你患了'月经不调症'，让你常发笑。"

最新的医学研究也发现，笑口常开可以防治传染病、头痛、高血压及压力过度，因为幽默的笑声，可以增加血中的氧分，并刺激内分泌，对抵抗病菌的侵袭大有帮助。而不笑的人，患病概率较高，且一旦生病之后，也常是重病。

> 美国作家卡森斯曾担任《星期六评论》杂志的编辑。他长期日夜操劳，患了一种严重的病——结核体系并发症，身体虚弱、行动不便，痛苦万状。虽多方求医，但收效甚微，不少名医将之诊断为不治之症。
>
> 后来，卡森斯听从了一位朋友的劝告，在除了必要的药

物治疗外，决定采用一种奇特的幽默疗法。他搬离了医院，住进一家充满欢乐气氛的旅馆，常常看一些幽默风趣的喜剧片，和朋友们进行幽默的交谈，听人讲一些幽默故事，使自己整天处于一种轻松欢快、无忧无虑的状态，每天都能出声笑上好一阵子。卡森斯发现，一部10分钟的喜剧片可以带给他两小时无痛苦的睡眠，他还惊喜地发现，笑可以减轻发炎，而且这种"疗效"可持续很久。与此同时，他还辅以适当的营养疗法。几个月后，奇迹出现了，卡森斯居然恢复了健康。

卡森斯总结自己战胜病魔的经验，他为自己开出一张"幽默处方"，并风趣地取名"卡森斯处方"。其中有这样一些内容：

"请认清每个人都有内在的康复功能。充实内在的康复能力。利用笑制造一种气氛，激发自己和周围其他人的积极情绪。发展、感受爱、希望和信仰的信心，并培养强烈的生存意志。"

这一处方的核心是以笑来激发生活的力量、生存的意志、康复的能力，进而增强精力，战胜疾病。

莫蒂医生也在他写的《笑：幽默的治疗能力》一书中指出：临床实践表明，笑具有治疗的能力。医生将笑传给病人，就增加了病人被治愈的能力。

不过，幽默能减轻人的痛苦，这不是今天人们的新发现。清代的《祛病歌》就是中国古代已经发现了幽默能有效祛病的证明。

附：《祛病歌》

人或生来气血弱，不会快乐疾病作。

病一作，心要乐，心一乐，病都祛。

心病还须心药医，心不快乐空服药。

且来唱我快乐歌，便是长生不老药。

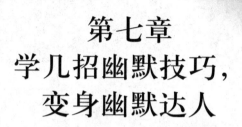

第七章
学几招幽默技巧，
变身幽默达人

也许现在的你已经深知幽默的妙处，但却心有余而力不足，不知道如何才能做到幽默，甚至悲叹自己生来就不是个幽默的人。殊不知，幽默并非某些人的独特天赋，而是一门任何人都能掌握的语言艺术，可以通过不断训练加以培养。当然，这要求对幽默规律性的东西进行总结，总结好后再加以运用。

1. 随机应变的幽默

幽默不是深思熟虑的产物，而是随机应变，自然而成的结晶。幽默往往与快捷、奇巧相连。

开往日内瓦的列车上，列车员正在检票。一位先生手忙脚乱地寻找自己的车票，他翻遍所有的口袋，终于找到了。他自言自语地说："感谢上帝，总算找到了。"

"找不到也不要紧！"旁边一位绅士说，"我到日内瓦20次了都没买车票。"

他的话正好被一旁的列车员听到，于是列车到日内瓦车站后，这位绅士被带到了拘留所，受到严厉的审问。

"您说过，您曾20次无票乘车来到日内瓦。"

"是的，我说过！"

"您不知道这是违法行为？"

"我不这么认为。"

"那么，无票乘车怎么解释？"

"很简单，我是开着汽车来的。"

这位先生真是有"把稻草说成金条"的本事。无可非议，他以前做过无票乘车者，但能巧妙地运用幽默为自己开脱，列车员能拿他怎么办？这就是幽默的力量。

事事都求"自然成文"为好，幽默也是如此。有准备的幽默当然能应付一些场合，但难免有人工斧凿之嫌；临场发挥的幽默才是最精粹、最具有生命力的，也是最难把握的至高境界。

俄国学者罗蒙诺索夫生活简朴，不大讲究穿着。有一次，有位衣冠楚楚但又不学无术的德国人，看到他膝盖部位有一个破洞，便指着那里挖苦他说："在这个破洞里，我看到了您的聪明才智。"罗蒙诺索夫毫不客气地回敬："先生，从这里我却看到了另一个人的愚蠢。"

德国人借罗蒙诺索夫裤子上的破洞，小题大做、贬损别人，反映了他的势利和无知。罗蒙诺索夫抓住这点，机敏地选择了与聪明相对的词语"愚蠢"，准确地回敬了对方，使其自食恶果。

周恩来总理也是一个智慧的幽默大师，他的幽默绝无哗众取宠、故弄玄虚之嫌，无论是情感的流露，还是自信的表述，无不是随机应变、嫁接自然，使人在轻松自然中领悟其中的真谛。

从以上几个例子我们可以看出，随机应变的幽默也要借助对其他一些事物的理解。下面这个例子中幽默的制造者则是借助了自己的职业。

英国作家狄更斯爱钓鱼。有一次，他正在一条河里钓鱼。

一个陌生人走到他跟前问："先生，您在钓鱼？"

"是啊，"狄更斯毫不迟疑地回答，"今天钓了半天了，也没一条鱼上钩；可是在昨天，也是在这个地方，我却钓到了15条鱼！"

"是吗？"陌生人问，"那你知道我是谁吗？我是这条河的管理人员，这段河面上是严禁钓鱼的！"说着，那陌生人从口袋里掏出一本发票簿，要记下眼前这个垂钓者的名字并罚款。

见此情景，狄更斯连忙反问："那么，你知道我是谁吗？"

当陌生人惊讶之际，狄更斯直言不讳地说："我是作家狄更斯。你不能罚我的款，因为虚构故事是我的职业。"

狄更斯在这里用变而又变的幽默手法，表现出了非凡的灵敏和机智。

幽默是一种生活艺术，是一种气质，是一种智慧的表现。幽默从机智出发，赋予机智新的动力，同时也对幽默自身的意念、态度和手法产生影响。当机智在幽默中以其理性姿态出现时，则构成了机智性幽默这一新生物。

2. 偷换概念获得幽默

"偷换概念"之所以能形成幽默效果，是因为幽默的思维主要不是实用型的、理智型的，而是情感型的。因此，对于一般性思维来说是破坏性的东西，对于幽默来说则可能是建设性的。请看下面这样一段一个家教老师和一个孩子的对话：

老师："今天我们来温习昨天教的减法。比如说，如果你哥哥有五个苹果，你从他那儿拿走三个，结果怎样？"

孩子："结果嘛，结果他肯定会揍我一顿。"

从数学科学的角度来看，孩子的这种回答是十分愚蠢的，因为老师问的"结果怎样"很明显是指"苹果还剩下多少"的意思，属于数量关系的范畴，可是孩子却把它转移到未经哥哥允许拿走了他的苹果的生活逻辑关系上去。不过，恰恰是因为偷换了概念才使这段对话产生了一种幽默的效果。类似的例子在生活中很常见。我们来看这样一个例子：

小强："你说踢足球和打冰球比较，哪个门好守？"
旺才："要我说哪个门也没有对方的门好守。"

常理上来说，小强问的"哪个门好守"应该是指在足球和冰球两种运动比赛中，对守门员来说本方的球门哪种更容易守，而旺才的回答一下子转移到比赛中本方球门和对方球门的比较上去了。又如：

"先生，打扰您一下，请问怎样走才能去医院？"

"这很容易，只要你闭上眼睛，横穿马路，8分钟以后，你准会到的。"

概念被偷换了以后道理上讲得通，显然这种"通"不是常理上的通，而是另一种角度上的通，但正是这种新角度的观察，显示了说话者的机智和幽默。

通常情况下，概念被偷换得越是离谱，所引起的预期的失落、意外的震惊就越强，概念之间的差距掩盖得越是隐秘，发现越是自然，可接受的程度也就越高。

3. 自相矛盾中的幽默

"矛盾"这个词本源于《韩非子》中那位卖矛和盾的生意人，表示事物之间的强烈冲突，有很强的喜剧色彩。现代生活中，我们常说的自相矛盾是指人言行不一，言语前后冲突，行为相互抵触。

生活中这样的现象十分常见。这样的矛盾已经令人感到好笑了，但还缺少一种强烈的对比性。为了使戏剧性更强，取得更好的幽默效果，可以采用这样一种方法，就是把即将转化的矛盾加以强调，以耸动别人视听。

> 有一小孩饿得直哭。父亲安慰他说："你要吃什么？尽管告诉我，哪怕是龙肝凤胆也好，我都拿来给你吃。"孩子说："那些我都不要，我只要饭吃。"父亲骂道："不懂事的家伙，只拣家里没有的要。"

这位父亲真是好笑，穷得连饭都吃不上，还要振振有词地说给孩子吃龙肝凤胆，真是矛盾得可以。

生活中，有些人别出心裁，利用矛盾技法造句，为人们喜闻乐见。如：

> "缺什么都行，就是不能缺钱。"
>
> "什么都应有，就是不能有病。"

体现幽默艺术的方式还有很多，如果你留心观察，就会发现生活中很多人、很多事都洋溢着幽默的气息。

一个嗜赌如命的赌徒，他为了从赌场上赢回输掉的钱财，熬更守夜，孤注一掷，最后连裤子也输掉了。这时候他醒悟过来，发誓戒赌。

他用笔写上"坚决戒赌"四个字贴在床头。一天，一位好朋友看到了床头这条诫示后，嘲讽地问："你真的戒赌了？"

"真的！"

"我不信。"

"不信？"赌徒瞪着一双通红的眼睛，大声说，"咱们赌三瓶二锅头！"

这里，用自相矛盾的方式展示了幽默的艺术，取得了鲜明、强烈的效果，让矛盾活了起来。矛盾若在不经意中产生，更为可笑和逗人。在运用自相矛盾的幽默技巧时，一定要沉住气，平稳自然，幽默效果更佳。

夜大正在上课，突然停电了。

黑暗中，老师对同学说："停电了，我们无法继续上课，请同学们稍候，电铃一响就放学。"

明明停电了，可还要等电铃响，幽默的效果油然而生。

由于自相矛盾的幽默有很强的表演性，所以利用此法的最佳方式是实况展示。因此，喜剧作家往往根据生活素材，创造矛盾人物。自相矛盾会使喜剧角色为掩饰自己千疮百孔的纰漏而疲于奔命，又顾此失彼、笑料迭出。也难怪类似"矛盾""此地无银三百两"式的故事经常被搬上舞台，且经久不衰。

4. 歪解原意的幽默

如果人们在任何场合的交际中，都是有一说一、有二说二，没有任何创新和变化，也没有奇巧和怪诞，要想取得幽默的效果是很难的。假如我们就某种现象进行说明或者就某个问题进行辩解时，讲出了别人没有想到的奇妙歪理，给人一种新奇的心理体验，相信一定能使人眉开眼笑，精神不禁为之一爽。用似是而非的荒唐道理去解释某种现象或问题的幽默方法，即是"歪解法"。你看下面这段对话是不是很有意思？

> "您认为牛皮最大的用途是什么？"
> "做皮衣。"
> "不对。"
> "做皮鞋。"
> "还是不对！牛皮最大的用途是把牛包起来。"

上面这个类似脑筋急转弯的幽默故事，其实就是"歪解法"

的一个具体运用，说话的时候我们用寻找新奇的表现角度的方法来解释正常的现象，回答一本正经的提问，可以给人一种耳目一新的幽默感。"答非所问"也是一种歪解原意的方法，有时候，利用这种"答非所问"的方法也能造成新鲜的幽默效果。下面一个对话就是这种方法的一个典型应用。

　　一人问道："鱼为什么生活在水里？"

　　智者答："因为陆地上有猫。"

　　这种"答非所问"与"偷换概念"有相同点，它们又有明显的不同之处，"偷换概念"重在"换"，需要有原来的东西和用来替换的东西两个因素，"偷换概念"在逻辑上是合理的。而"答非所问"重在一种新角度的回答，看似合理，其实是一种似是而非的歪解，仔细推敲就会发现其逻辑上不合理的地方。上面例子中，"鱼生活在水里"当然不可能是因为"陆地上有猫"，这样说虽然能够产生幽默的效果，却并不符合逻辑。

　　"歪解原意"虽然不合逻辑，可是这种技巧除了能够产生幽默效果外，有时候还能起到正面的说服效果。

　　从前，有一个人生了病，亲戚朋友都来探望他。他问大家："我可能快死了，但不知道死后的日子好不好过？"

　　一个客人马上回答："死后很好过的。"

　　他听后大吃一惊，急忙问那个客人为什么这么说。

客人解释道："很简单，如果死后过得不好，死者自然都纷纷逃回阳间来了。现在看来，一个逃回来的都没有，可见那里不是很不错吗？"

面对死亡，一般人都怀有一种恐惧感。上面例子中客人对死亡的幽默解说虽然是一种不合逻辑的歪理，可是能起到安慰病人的作用，减轻病人对死亡的恐惧心理，使病人在剩余的日子里能够更好地享受活着的幸福。

"歪解原意"的幽默技巧能给平淡的日常生活增添新鲜的活力。

5. 正话反说的幽默

说出来的话、所表达的意思与字面完全相反，就叫正话反说。如字面上肯定，而意义上否定；或字面上否定，而意义上肯定。这也是产生幽默感的有效方法之一。使用这种方法能够在不直接指明对方错误的基础上，使他们自我反省并认识自己的错误。

有一则宣传戒烟的公益广告，上面完全没提到吸烟的害处，相反地却列举了吸烟的四大好处：一、节省布料。因为吸烟易患肺痨，导致驼背，身体萎缩，所以做衣服就不用那么多布料；二、可以防贼。抽烟的人常患气管炎，通宵咳嗽不止，贼人以为主人未睡，便不敢行窃；三、可防蚊虫。浓烈的烟雾熏得蚊虫受不了，只得远远地避开；四、永葆青春。不等年老便可去世。

　　这里说的吸烟的四大好处，实际上是吸烟的害处，却正话反说，显得很幽默，让人们从笑声中悟出其真正要说明的道理，即吸烟危害健康。

　　正话反说的幽默技巧当然不只可以用到广告宣传中，在面对面的交流中，这种幽默技巧也有广泛的使用空间。

　　当我们需要表达内心的不满时，也可以使用正话反说的幽默技巧，让别人听起来顺耳一些。

　　杰克（Jack）和他的情人想喝咖啡，但端上来的咖啡差不多只有半杯，这时杰克笑嘻嘻地对咖啡店主人说："我有一个办法，保证叫你多卖出三杯咖啡，你只消把杯子倒满。"

　　杰克巧妙地运用正话反说的幽默来表达失望感，却不致给对方带来难堪。也许杰克并没有喝到满满一杯咖啡，但杰克一定会得到友善、愉快的服务，咖啡店主人或许还会请杰克下次再光临该店。

这种正话反说的幽默技巧不仅被人们广泛使用，其实很久以前我们的古人就已经能够熟练运用这个技巧了。

秦朝的优旃是一个有名的幽默人物。有一次，秦始皇要大肆扩建御园，多养珍禽异兽，以供自己围猎享乐。这是一件劳民伤财的事，但大臣们谁也不敢冒死阻止秦始皇。这时能言善辩的优旃挺身而出，他对秦始皇说："好，这个主意很好，多养珍禽异兽，敌人就不敢来了，即使敌人从东方来了，下令麋鹿用角把他们顶回去就足够了。"秦始皇听了不禁破颜而笑，并破例收回了成命。

优旃的话表面上是赞同秦始皇的主意，而实际意思则是说如果按秦始皇的主意办事，国力就会空虚，敌人就会趁机进攻，而麋鹿用角是不可能把他们顶回去的。这样的正话反说，因为字面上赞同了秦始皇，优旃足以保全自己；而真正的含义，又促使秦始皇不得不在笑声中醒悟，从而达到了说服的目的。

6. 偷换角色中的幽默

偷换角色，就是故意将所指对象由自己换成他人，或者在明确理解对方所指对象之后，另外虚构一个不同于对方原本所指对象的新对象，不过这个虚构出来的新对象，要求用对方的话也能解释得通。然后把这个虚构的对象假想为真实对象，对它说出你幽默的话语，这样就会具有很强的幽默效果。这种情况在日常生活中经常出现。

在湖南的一个小山村里，人们都来为一位99岁高龄的老人庆祝生日，村主任也来为这位老寿星捧场。他很自豪，因为在他的村里出了这么一位远近闻名的寿星。他高兴地向老人道喜："老伯，我给您拜寿了：希望明年还能给您庆贺百岁大寿！"

老人故作严肃地打量了村主任一番，然后说："为什么不能呢？你的身体好像还挺结实的嘛！"

这位老寿星就巧妙地运用了偷换角色的幽默，本来村主任赞美老寿星的身体好，老寿星却把所指对象由他自己换成村主任，从而造成一种幽默效果，可见他虽已将近百岁，幽默之心未泯！

我们除了能将所指对象由自己换成他人，还可以通过联想或想象把角色偷换到第三者身上，请看下面这个故事。

两位老人在一家位于海边的疗养院修养，他们的身体都很虚弱。

一天早晨，一位名叫王刚的服务员陪他们在海滩散步。

这时，一只海鸥从高空飞过，拉出的一团鸟屎正好落在其中一位老人光秃秃的头顶上。

王刚见了，忙关切地对老人说："请待在这儿别动，我回去取手纸。"

就在王刚匆匆奔向他们的住所时，这位老人指着他的背影，对另一位老人说："这个笨蛋！等他取来手纸，那只海鸥至少已经飞出一公里了。"

这位老人也真够幽默的。明明服务员是拿手纸给他擦头上的鸟屎，他却说成给海鸥擦屁股，把角色从自己转换到"第三者"海鸥身上了，这是一个典型的偷换角色的幽默故事。偷换角色，把自己表现得好像理解力很差，而实际上是大智若愚。

在大多数情况下，以温和友善的话语来代替抱怨和指责，就可以使你得到比较周到的服务，包括餐馆做的菜不如人意，商店出售的商品质量有问题等情况。

偷换角色的幽默技巧不仅能起到营造幽默气氛的作用，它对我们为人处世还有着相当大的实用价值。利用这种技巧，我们可以对他人进行有力的说服，使别人的态度由否定变为肯定，可以说，它是一张非常有效的处世良方。

7. 自吹自擂的幽默

自吹自擂的幽默作为一种"厚脸皮"的幽默技巧，能广泛地用于日常生活中。不管你处于什么样的情势，都可以毫不脸红地把自己吹嘘一番，当然，你所"吹"所"擂"的东西应与现实情况有较大差异，并且表意明确，让对方很容易通过你的话语看出你的名不符实，这样，幽默才能顺利产生。

有一次，萨马林陪斯图帕托夫大公围猎，闲谈之中萨马林吹嘘自己说："我小时候也练过骑射，即使说不上精通，也算得上箭不虚发。"

大公要他射几箭看看，萨马林再三推辞不肯射，可大公非要看看他"箭不虚发"的本事。实在没办法，萨马林只好拈弓搭箭。

他瞄准一只麋鹿，第一箭没有射中，便说："罗曼诺夫亲王是这样射的。"

他再射第二箭，又没有射中，说："骠骑兵将军是这样射的。"

第三箭，他射中了，他自豪地说："瞧瞧，这才是我萨马林的箭术。"

自吹自擂往往与现实形成反差，幽默就从其间产生。自吹自擂的时候，可以毫不脸红，却免不了误打误撞，言过其实。不过，从制造幽默的角度来说，情况与事实有出入而自己却津津乐道，恰能透出浓浓的幽默情趣。请再看下面这则例子：

马辉自以为精通棋道，总是不服输，又很爱吹牛。有一次，他与人连下三盘，盘盘皆输。过了几天，有人问他："那天的棋下了几盘？"

他回答说："三盘。"

人家又问："谁胜谁负？"

他脸不红心不跳地说："第一盘我没能赢他；第二盘他又输不了；第三盘我想和，他却不干！"

自吹自擂是夸大其词的一种，夸大其词就是用荒谬夸张的话来表达幽默，使人倍觉趣味。夸张之所以能造成幽默效果，是因为这些话题与内容经过夸大之后，变得不合常理，大大出人意料，从而形成幽默效果。下面这个幽默故事就运用了夸张的幽默手法。

有一个美国人和一个英国人在一起吹牛。

美国人说："我们美国人很聪明，发明了一种制造香肠的机器！这种机器真是神奇，只要把一头猪挂在机器的一边，然后转动机器的把手，那么，香肠就可以自动地从机器的另一边一条一条地转出来！"

英国人一听，不屑地说："这有什么了不起！这种做香肠的机器我们早就有了！你们美国人真是少见多怪！我们早就把这种机器改造得更加神奇了！"

"怎么神奇？"美国人问。

"我们新的制作香肠的机器，只要做出来的香肠不符合我们的口味，我们就可以把香肠放在机器的一边，然后'倒转一下'机器的把手，那么，机器的另外一边，就会跑出原来的那一头猪。"

上面故事中，美国人的话虽然十分夸张，但英国人的话比美国人的话更能产生幽默效果，这是因为英国人的话带有更加明显的荒谬性，从而使整段话起了质的变化，幽默也就展现出来了。很多幽默的成功，都在于对关键的地方，用语言进行恰到好处的夸张。

8. 不变应万变的幽默

在人际交往中，如果采用以不变应万变的方法，不但可以处理各式各样的问题，还能产生出奇制胜的幽默效果。

从前，有个农夫很有骨气，从不肯讨好地主。

地主问他："你为什么不奉承我呢？"

农夫答："你有钱是你的，又不肯白送给我，我为啥要奉承你？"

地主说："那好！我把钱送四分之一给你，怎么样？"

农夫说："这不够公平，我还是不奉承你。"

地主说："那么，分一半给你，总该奉承我了吧？"

农夫答："那时我和你一样有钱，我为什么要奉承你？"

地主说："那么，我把家当全给你，总可以奉承我了吧。"

农夫说："到那时候，我是富人，你是穷人，更用不着奉承你了。"

这农夫坚持自己的原则，万变不离其宗，既愚弄了地主，也显示了自己是有骨气的。

对于普通人来说，要生存下去就往往要很努力地工作，可是在工作的时候，我们有没有思考过自己最终追求的是什么？

9. 画龙点睛式的幽默

语言是交流的工具，它能表达人们的思想和情感。同一个意思，长短不同的句子具有不同的表达效果，一般书面语中用长句子的时候较多，因为书面语讲求逻辑严密。但是在日常生活中，为了表达和接收的方便，我们则较多使用短句表达我们的想法。

所以，一般的生活用语大都简短有力。比如在日常交流中，经过很长时间的沉默后，以一两句画龙点睛的话去总结，就会产生令人难以抗拒的幽默效果。

在一次电视节目中，主持人向一位女作家问了这样一个问题："一个女人要婚姻持久，你认为什么是最重要的？"

"一个耐久的丈夫。"女作家随口答道。

那位主持人提出的问题不是一两句话就能说清楚的，但女作家又不能不回答，为了避免过多的纠缠，女作家一句"一个耐久的丈夫"，既幽默、简洁又发人深思，可谓"一语惊人"。其实，生活是个很大的舞台，在这个大舞台的很多场景里我们都能看到各种各样的人演出一幕幕"一语惊人"的剧目，女作家可以成为主角，下面这个小女孩也可以。

在萧伯纳访问苏联期间，一天早晨，他照例外出散步，一位极可爱的小姑娘迎面而来。萧伯纳叟颜童心，竟同她玩了许久。临别时，他把头一扬，对小姑娘说："别忘了回去告诉你的妈妈，就说今天同你玩的可是世界上有名的萧伯纳！"萧伯纳暗想：当小姑娘知道自己偶然间竟会遇到一位世界大文豪时，一定会惊喜万分。

"您就是萧伯纳伯伯？"

"怎么，难道我不像吗？"

"可是，您怎么会自己说自己了不起呢？请您回去后也告诉您的妈妈，就说今天同您玩的是一位苏联小姑娘！"

上面故事中，苏联小姑娘不但"一语惊人"，"惊"的还是一个伟大的人物。她聪明、幽默地表达了平等、自信等值得赞扬的信念，一语惊醒了表现得有些骄傲的萧伯纳。

就像上面故事中的萧伯纳一样，一些做出了伟大成就的人往往有自大的毛病，他们说话、做事也往往以自己为中心，甚至把自己看成别人的骄傲。作为他们身边的人，你有责任委婉地提醒他们不要过于狂妄自大，这不但能够保护自己免受他们的伤害，而且这对他们自己也是很有好处的。

当对方出言不逊足以伤害你的自尊心的时候，及时地、机智幽默地加以反击，也就能一语惊醒对方。下面这个故事中，病人所用的也是一语惊人式的幽默。

"能告诉我，你为什么要从手术室跑出来吗？"医院负责人问一个万分紧张的病人。

"那位护士说：'勇敢点，阑尾炎手术其实很简单！'"

"难道这句话说得不对吗？她是在安慰你呀。"负责人笑着对病人说。

"啊，不，这句话是对那个准备给我动手术的大夫说的！"

病人幽默地画龙点睛，鲜明地表达出自己对医生手术水平的怀疑。本来一个不容易启口的事情，被他用三言两语幽默含蓄地表达清楚了。

语言不是万能的，不过有时候一句话却能在适当的场合发挥出千言万语都不能达到的作用，这也就是"以不变应万变"的思想在语言领域里的具体应用。

雅典的首席执政官听说哲学家保塞尼亚斯是一个能言善辩的人。这天，他派人把保塞尼亚斯请到贵族会议上来，对他说：

"贵族会议的成员，每个人都有一个问题要问你，你能不能用一句话来回答他们所有的问题？"

保塞尼亚斯不假思考地说：

"那要看看都是些什么问题了。"

　　议员接连不断地提出了几十个不同的问题。当问题提完后，保塞尼亚斯还是不假思索地回答："我全都不知道！"说完，他转身走出了贵族会议大厅。

　　上面这个幽默是属于善辩一类，善辩所表现出的常常是说话者的聪明智慧，敢于或者勇于表现自己。保塞尼亚斯就很好地表现出驾驭语言游刃有余、挥洒自如的风度。读过了上面这个故事，相信你一定认识到我们所说的"一语惊人""以不变应万变"绝不是痴人说梦。

　　"一语惊人"的幽默有"秤砣虽小压千斤"的力度和"片言明百句，坐役驰万里"的广度。由于"一语惊人"的幽默具有这一特点，我们在交谈中使用这一技巧时，就应该用最简洁、明了的语言表达出自己的意思，切忌拖泥带水。

10. 声东击西的幽默

　　声东击西法，是指目标在西而先假意向东，出其不意地给对手一击。它实际上是一种含蓄迂回的幽默技巧。在谈判中，利用语言来回击或反驳对手的时候，这种幽默技巧的运用特别有力。

　　声东击西法包含很多内容：欲东而西，欲是而非；明说张三，实指李四；明里问罪，暗中摆功；敲山震虎，指桑骂槐，含沙射影等等。在各种谈判中，这种声东击西法的幽默技巧都可以巧妙地加以运用，以产生强烈的幽默效果，争取谈判的成功。

《史记·滑稽列传》记载，楚庄王有一匹爱马，人们给它穿上带有刺绣的衣服，养在装饰华丽的屋子里，喂它吃枣脯，最后马因肥胖过度而死。楚庄王让群臣为马发丧，要以大夫规格，用内棺外椁而葬。大夫提出异议，楚庄王下令道："有敢于对葬马之事再讲者，处以死罪。"优孟听说后，跑进大殿，一进殿门，便仰天大哭，楚庄王十分吃惊，忙问何故，优孟说："死掉的马是大王心爱之物，我们堂堂楚国，要什么东西没有？而今却要以大夫之礼葬之，太薄了，我请求大王以人君之礼葬之。"楚庄王听后，一时无言以对，只好打消以大夫之礼葬马的打算。

本来楚庄王要厚葬宠物，而且不容大臣提出异议，可优孟的反话正说使之改变了初衷。《五代史·伶官传》中记载的一事也十分有趣：

庄宗喜好田猎，在中牟打猎，践踏许多民田。中牟县令为民请命，庄宗发怒，要杀他。伶人敬新磨得知后，率领众伶人去追赶县令，将之拥到马前，责备他说："你身为县令，怎么竟然不知道我天子喜爱打猎呢？为何让老百姓种庄稼来交纳税赋，而不让你治下百姓忍饥去荒废田地，让我天子驰骋田猎？你罪该万死。"于是拥着县令前来请求庄宗杀之。庄宗听后无奈大笑，县令被赦。

以上两则故事中，优孟和敬新磨为了达到各自的劝谏目的，都运用了反话正说、声东击西的幽默技巧，就是使用与原来意思相反的语句来表达本意，表面赞同，实际反对。在谈判中，运用这种表达方式往往能收到直接表达所起不到的作用。

但是，在谈判中，要想运用声东击西的幽默技巧取得好的效果，就需要对方静心默思、反复品味。因为这种幽默技巧的特点是：想表达的意见不是直接表达出来，而是以迂为直，被藏在话语后面，对方在听完话之后，必须有个回味思考的过程，才能体会出个中的奥秘，产生幽默风趣的情绪，这种声东击西的幽默技巧也才能对谈判的结果产生影响。 因此，一个真正有幽默感的谈判者，不但要自己善于说，而且还要善于领悟对手的幽默。善于领会对手的幽默，也是一种谈判智慧的表现。